食品质量安全
治理理论、方法与实践

王海燕 等 著

国家自然科学基金委员会重大研究计划重点支持项目（91746202）
国家自然科学基金重点项目（71433006）
国家自然科学基金面上项目（71874158）
国家自然科学基金青年项目（61806177）
国家自然科学基金青年项目（72104217）
资助出版

科 学 出 版 社
北 京

内 容 简 介

本书系统地阐述了质量链协同视角下的食品质量安全治理的理论、方法，以及世界各国在食品质量安全治理方面的成功实践。本书从技术经济管理一体化的视角深入研究食品质量安全问题形成机理，探索质量链协同视角下的食品质量安全治理机制和政府监管体制，应用复杂网络、GERT、贝叶斯网络和博弈论，并结合 SCP 范式构建了基于质量链协同的食品质量安全治理相关决策模型，研究食品质量链协同性和系统稳定性，以便为食品质量安全治理相关政策的制定提供理论支持。

本书可作为大专院校管理科学与工程、质量管理、食品安全管理、系统工程等专业的教材，也可作为食品质量安全治理领域研究人员及政府相关部门工作人员的参考用书。

图书在版编目（CIP）数据

食品质量安全治理理论、方法与实践 / 王海燕等著. —北京：科学出版社，2023.10

ISBN 978-7-03-067135-6

Ⅰ. ①食… Ⅱ. ①王… Ⅲ. ①食品安全-安全管理-研究 ②药品管理-安全管理-研究Ⅳ. ①TS201.6 ②R954

中国版本图书馆 CIP 数据核字（2020）第 243296 号

责任编辑：陈会迎 / 责任校对：贾娜娜

责任印制：赵 博 / 封面设计：有道设计

科学出版社 出版

北京东黄城根北街 16 号

邮政编码：100717

http://www.sciencep.com

北京建宏印刷有限公司印刷

科学出版社发行 各地新华书店经销

*

2023 年 10 月第 一 版 开本：720 × 1000 1/16

2024 年 5 月第二次印刷 印张：10 1/2

字数：220 000

定价：128.00 元

（如有印装质量问题，我社负责调换）

序　　言

食品药品（以下简称“食药”）质量安全是关系国计民生的重大问题，直接关乎人民群众的身体健康和生命安全。随着人民生活水平和品质的提升，对食药的质量安全要求越来越高，与此同时，我国在制度建设方面也相继出台了相关法律法规和标准规范，用以约束和监管食药的生成、加工、流通等各个环节。2016 年 10 月，中共中央、国务院印发《“健康中国 2030”规划纲要》，提出了“完善食品安全标准体系”和“完善国家药品标准体系”。这对于社会各界开展理论方法探索与技术应用创新赋予了新的需求和动力。

近些年来，新兴检测方法、大数据技术和人工智能等现代科技的飞速发展，给食药检测分析的赋能带来了广阔的前景，也催生了大数据驱动的食药质量安全智能管理决策的新思路和范式转变。该系列著作汇集了王海燕教授团队在相关领域的部分研究成果，共分为三部前后承接的专著：《食药质量安全检测技术研究》、《食药质量安全大数据分析方法、原理与实践》和《食品质量安全治理理论、方法与实践》，旨在从检测、数据和管理的视角探讨食药质量安全领域的新兴发展趋势和重要课题，通过理论与实践相结合，体现前沿性、时代感和应用价值。该系列著作具有以下特点。

第一，展现食药质量安全领域的交叉学科属性。一方面，从食药质量安全的角度阐述问题情境、重要特征和求解策略，包括理论方法和应用动态；另一方面，从信息技术的角度阐述问题建模与计量学、大数据分析技术的联系，包括利用机器学习（如深度学习）等智能算法，围绕极具领域特色的图谱检测数据进行处理、分析和预测。此外，通过构建基于食药质量安全领域特点的大数据处理框架、决策驱动范式以及云决策原型系统，成功实施了面向乳制品、中药材等情境的质量安全云决策示范应用。相关成果于 2021 年入选国家自然科学基金委员会科学传播与成果转化中心的成果转化推荐名单，对于行业大数据的赋能实践具有一定的示范和参考价值。

第二，体现理论与实践融合以及产业与学科融合。首先，编写者既有化学分析背景的学者，又有长期从事食药质量安全一线工作的技术人员，还有来自信息领域的工程师。这为融合性知识结构的形成奠定了良好基础。特别是，王海燕教授团队具有多年的融合性研究积累，关注食药质量安全控制理论、食药质量安全检测评估、信息服务和公众教育，形成了“技术主导+数据驱动+智能决策”的知识体系，并在食药质量标准化数据源、多源异构质检大数据分析理论与技术、复杂网络系统协同管理、可视化本体建模理论与技术、全景式管理云决策仿真平台等方面产生了一系列创新性的研究成果，在食药质量安全领域凝练形成了具有特色的检测、技术和管理的研究与应用融合方向。

第三，呈现内容逻辑和知识体系上的衔接次第关系。该系列三部专著沿循检测—数据—管理的脉络展开：①《食药质量安全检测技术研究》分别从食药感官质量、理化质量、生化质量的视角，阐释了数据采集与分析、智能识别、高通量鉴别、基于量子计算的图谱数据解析等新技术，进而凝练出了一套食药质量安全检测新技术体系；②《食药质量安全大数据分析方法、原理与实践》从图谱领域数据与机器学习等技术结合的视角，阐释了大数据驱动的食药质量安全分析新范式，并通过实际案例与具体技术方法相契合，以提升知识理解和实操能力；③《食品质量安全治理理论、方法与实践》从质量链视角出发，通过在供需、工艺、监管等层面对食药质量演化机制的表征，深入挖掘相关安全问题的深刻成因和破解路径，并为基于食药大数据的质量安全智能决策系统的建设与应用提供理论方法支撑和管理实践启示。

值得一提的是，近年来国家自然科学基金委员会启动的“大数据驱动的管理与决策研究”重大研究计划，通过部署一系列不同规格的项目，汇聚了一大批国内科研团队在大数据决策范式、大数据分析技术、大数据资源治理、大数据使能创新等方向上开展研究探索和应用示范，为大数据管理决策研究贡献新知并服务国家需求。王海燕教授团队承担了其中的一项重点课题，部分课题进展也在该系列著作中不同程度地得以体现。例如，基于多模态多尺度数据融合理论与技术的探讨，以揭示食药质量安全问题的关键影响因素、丰富领域知识导向的大数据价值发现；构建大数据驱动的全景式食药质量安全管理范式、创新智能快检新技术，以丰富公共安全相关理论方法和决策场景。

在大数据环境下，管理决策要素正在发生着深刻转变，新型决策范式越来越显现出跨域型、人机式、宽假设、非线性的特点。这给食药质量安全领域的理论与实践带来了新的挑战，也提供了更宽广的探索空间。相信该系列著作的出版将使广大读者受益，并在促进我国食药质量安全的产业发展、推动多学科融合和交叉研究、加速构建高水平食药质量安全技术体系等方面发挥积极作用。

陈国青

2022 年 8 月于清华园

前　言

食品质量安全被认为是关系国计民生的重大问题之一，它关系人民群众身体健康和生命安全，关系社会和谐稳定。国家宏观层面上对食品安全问题非常重视，近年来制定并实施了多项政策以保证食品质量。此外，在微观层面上，科研领域对食品安全问题的研究关注度也日益提升，许多学者在食品安全领域开展了深入的研究并取得了大量成果。然而，我国食品安全形势依然严峻，食品安全问题仍然较为突出。各类食品安全事件表明，食品的质量安全问题主要来自生产者的道德风险背后隐含的供应链和监管链网络的破碎性，这种破碎性是导致我国食品安全问题难以解决的关键所在，也较少被目前的研究所涉及。

因此，食品质量安全治理需要从供应链内部的网络协同、监管链内部的网络协同，以及供应链和监管链网络之间的协同三个方面进行推进。针对食品质量演变复杂系统的多阶段性、多主体性和不确定性，本书创新性地将质量链理论应用于食品安全治理领域，从食品生产全生命周期视角，利用基于 GERT、贝叶斯等理论的质量链建模技术对食品质量增殖和传递机制进行表征，以解决食品质量安全监管与决策优化等关键问题，给出食品供应链网络的优化方案和政企双方质量管理政策与制度的支持。同时，本书结合博弈论及 SCP 范式构建了基于质量链协同的食品质量安全治理相关决策模型，研究了食品质量链协同性和系统稳定性，为食品质量安全治理相关政策的制定提供了理论支持。

本书所提出的质量链建模技术，以及用此技术综合供应链、工艺、监管等层面对食品质量增殖机制的表征，在理论上有利于深入挖掘食品安全问题的深层次原因，突破制约食品安全领域研究的桎梏。在实践上，可有力支持基于食品大数据的质量安全智能决策系统的开发。

作　者

2022 年 11 月

目　　录

第1章 绪　论

1.1 食品安全与食品质量

1.1.1 食品安全概述

随着经济社会的快速发展，人民生活水平的不断提高，居民开始从“吃得饱”向“吃得好”转变，更加注重食品的营养化、多样化和品质化等，对于食品的需求从满足基本温饱需要逐渐转向更加注重食品质量水平。食品安全作为食品质量的基本性状之一，受到了前所未有的重视和关注。党中央和国务院高度重视食品安全问题，并制定实施了一系列政策措施。在《中华人民共和国食品卫生法》基础上，2009 年我国颁布和实施《中华人民共和国食品安全法》，并于2015 年 4 月 24 日完成修订。2015 年的修订是该法第一次修订，标志着我国食品安全迈向治理现代化时期。此后，在 2018 年和 2021 年，分别完成了两次修正。在 2018 年的修正中，规定国家市场监督管理总局负责食品安全监督的统一管理协调工作，实现了食品与药品的监督管理分离，使食品与药品的监督管理更加专业和精准。在 2021 年的修正中，正式调整了预包装食品的销售许可问题。2015 年 5 月 29 日，习近平主席在主持中共中央政治局第二十三次集体学习时强调：“用最严谨的标准、最严格的监管、最严厉的处罚、最严肃的问责，加快建立科学完善的食品药品安全治理体系。”[①]国家宏观层面对于食品安全问题的重视程度可见一斑。从微观层面来看，科研领域对食品安全问题的研究关注度也日益提升，相关学者在食品安全领域开展了大量的研究，在中国知网（CNKI）中以“食品安全”为主题词进行检索，结果显示，2010~2021 年有 65 292 条文献，占收录总量（101 495 条）的 64.3%。这一系列政策措施和相关研究为有力推进食品

---

① 《习近平主持中共中央政治局第二十三次集体学习》，http://www.xinhuanet.com/politics/2015-05/30/c_1115459659.htm，2015-05-30。

安全水平控制和解决我国食品安全问题提供了重要政策保障和技术支撑。

然而，我国食品安全形势依然严峻，食品安全问题仍然较为突出，特别是在2008年三聚氰胺事件发生之后，食品安全事件在媒体报端仍然可见（如地沟油事件、瘦肉精事件、速成鸡事件、毒大米事件等），消费者对食品安全的信任度未能有效提升。这也凸显了当前政策环境和研究成果在实际应对食品安全问题过程中暴露出来的问题和不足，无论在实践操作层面还是理论研究探索层面，制约食品安全的深层次问题尚未得到根本解决，如当前食品安全问题的内在形成机理究竟是怎样的？采取何种控制策略才是最有效的以及如何评价？政府职能部门、食品企业和消费者在整个食品安全中应发挥哪些作用，其关键控制点在哪里？

综上所述，在经济发展新常态环境下，食品安全已成为关系国计民生的重大工程，加快开展食品质量安全问题控制和治理的研究工作与我国食品安全管理的现实需求相符合，同时对于提高行业监管效率，重塑食品企业优质信誉，提高消费者信任度，促进食品行业健康可持续发展，乃至提升我国食品产业国际竞争力都具有重要的现实指导意义。

1.1.2 食品安全根源分析

各类食品安全事件表明，很多时候食品的质量安全问题并非技术手段或者技术标准的落后问题，而是涉及生产者道德层面的问题（Raspor，2008；Martinez et al.，2007；Da Cruz et al.，2006）。事实上，在生产者道德风险的背后，隐含着食品安全供应链和监管链的网络运转困境问题，供应链和监管链的链网破碎性特征是造成多数食品安全事件的根本原因。

1. 食品供应链的困境

食品供应链的客观存在，使得以整条链为基点实施食品质量安全管理成为可能，这涉及链上除了最终消费者之外的众多企业和个体。但事实上，现实中的食品供应链上下游企业之间更多的是表现出竞争和对立的关系：上游原料企业（或者农户）想抬高出售价格，而下游加工和销售企业则想拼命压低进价，因此企业管理者的决策主要考虑自身利益最大化。

在这种情况下，企业和企业之间相互猜疑，形成一个个相互隔离的孤岛，食品供应链网络呈现出破碎化的特征，造成链上企业之间经济利益的对立性、信息的不对称性，以及过程质量难以控制等一系列问题，最终引发食品质量安全问题，损害的是整条供应链乃至整个行业的利益。但如果食品供应链实现了利益共享和信息共享等协同行为，是否就意味着食品供应链的质量安全完全得以保障？

2011年9月14日，央视财经频道《经济信息联播》曝光了一个跨省的，集掏捞、粗炼、倒卖、深加工、批发、零售六大环节为一体的地沟油生产销售供应链，并且供应链上的企业实现了利益共享和信息共享，共同逃避有关部门的调查。

由此可见，食品安全问题不仅仅是供应链网络的破碎性特征造成的，还有另外一个层次的原因：食品安全监管链网络的破碎性问题。

2. 食品安全监管链的困境

本书借鉴供应链的概念，将食品从原材料到生产加工、流通和销售过程中涉及的所有政府监管部门构成的网络定义为食品安全监管链。由于我国食品安全监管部门构成的监管链受到“高度垂直化”因素的影响（何坪华等，2009），监管链呈现出破碎化的特征。虽然 2018 年我国通过机构改革将食品安全纳入大部门统一监管，但在管理实践中更倾向于多部门协同合作的综合性管理模式。这也会在一定程度上引发“信息孤岛”现象。食品安全监管链的破碎化特征不仅表现为“信息孤岛”的问题，还表现出监管环节之间的衔接不畅（肖玫等，2007）。

1.1.3 食品质量的概念及其发展

质量是指产品或工作的优劣程度。我国的国家标准——《食品工业基本术语》（GB15091-95）将食品质量定义为“食品满足规定或潜在要求的特征和特性总和。反映食品品质的优劣”。可以看出，食品质量是一个“度”的概念，不是“质”的概念，是指食品的优劣程度，既包括优等食品，也包括劣等食品。刘淼（2012）认为，食品的质量不是由某一质量因素决定的，而是由多种质量因素联合构成的。食品质量主要由食品的食用质量和附加质量构成：食品的食用质量包括卫生质量（卫生与安全性）、营养质量（营养价值）和感官质量（感官性状）；食品的附加质量是食品质量的重要组成部分，因为其与能否满足消费者的要求直接相关，主要包括食品的包装质量，食品的流通质量，以及食品的方便性、信息性、文化性、经济性与合理性等。

关于食品安全与食品质量的区别，世界卫生组织（World Health Organization，WHO）在1996年的文件《确保食品安全与质量：加强国家食品安全控制体系指南》中做了比较明晰的阐述：食品安全与食品质量在词义上有时存在混淆。食品安全指的是所有对人体健康造成急性或慢性损害的危险都不存在，是一个绝对概念。食品质量则是包括所有影响消费者价值的其他特征，这既包括负面的价值，如腐败、污染、变色、发臭；也包括正面的特征，如色、香、味、质地及加工方法。食品安全与食品质量的这种区别对公共政策有指引作用，并影响着为实现事先确定的国家目的而设立的食品控制体系的本质和内容。因此，WHO 对食品质量给出如下定义：食品满足消费者明确的或者隐含的如微量元素指标、热量值指标、颜色和口味指标等需求特性。该定义明确强调食品安全侧重于食品对消费者是否存在急性或是慢性的健康危害。

1998 年联合国粮食及农业组织指出，食品质量是包含可能会对食品价值造成影响的一切因素，如产地、原材料、技术、工艺、标准、形状、品质、包装等，既包括风味、营养、品牌等有利因素，也包括污染、腐烂、变质等不利因素。食品质量描述食品的优劣程度，既包括食品是安全或者不安全的安全性程度，也包括食品是优质或者劣质的品质水平（程言清，2004），并且，不安全食品一定存在质量问题，但食品质量问题不一定都是安全性问题，当前对于控制食品质量而言，最基本但也最重要的是，确保食品的安全性，即无毒无害。食品安全是食品质量最基本也是最重要的要求，具有不可替换的唯一性和必须达到的强制性，当前控制食品质量迫切要求有效保证食品安全。但是，食品质量的全部内容不仅仅是安全无害，它还具有各种的层次性和多样的选择性（任端平等，2006），生产发展、收入增加及生活改善之后，食品的消费需求会逐渐从质量安全提升至营养健康乃至消费品质（李里特，2006），同时，随着生活节奏的加快，食品的消费方式会逐渐由“内食”向“中食”“外食”转变，由主要购买食品原材料自己加工转向消费半成品、成品（齐藤修和安玉发，2005），这些必将对以确保食品安全为基础的食品质量的要求越来越高，因此，也必须对以确保食品安全为基础的食品质量问题进行持续深入的研究。

王二朋和高志峰（2020）考虑到消费者参与，将食品质量描述为能够满足消费者需求的主观与客观特征。这些特征可以分类为内部属性和外部属性。内部属性是指产品完整并且不可分割的物理属性。内部属性根据食品的实际功能来划分，包括安全、营养、功能、感官体验属性（Caswell et al.，2002）。其中，食品安全属性是指食品中不应含有各种化学的、物理的等可能损害或威胁人体健康的有毒、有害物质或因素，主要的食品安全风险来源包括农药兽药残留、微生物污染、转基因等。食品营养属性是指食品能够满足人体营养需求的特性，包括蛋白质、脂肪、糖和维生素等。食品功能属性是指食品所包含的，对人体健康有益的某些功能特性，如润肺止咳、降血压、降血糖等功能特征。食品感官体验属性是指消费者通过对食品的观察或品尝就能够直接获取的特性，如颜色、外观、口感等。外部属性不是指产品的物理组成部分，而是指在产品生产过程中，被赋予的特性。食品的外部属性包括质量检测指标属性和质量线索属性。其中，食品质量检测指标属性包括质量管理系统（如 HACCP①）、认证（如有机食品认证、

① HACCP：hazard analysis critical control point，危害分析关键控制点。

绿色食品认证等）、信息可追溯标签、营养成分标签、科学检测记录（如禽流感检验记录、出入境检验检疫记录）等。质量线索属性是指价格、品牌、生产企业、包装和产地等。

1.2　食品质量安全治理

1.2.1　食品质量安全治理及其路径

在现行的管理体制下，食品的供应链网络和监管链网络呈现出破碎性特征，这是导致我国食品安全问题一直难以解决的关键所在。那么如何突破传统思维，实现网络协同，从“破碎网络”向“无缝网络”转变？本书认为，食品质量安全管理的网络协同包括三个层面的内涵：一是供应链内部的网络协同，二是监管链内部的网络协同，三是供应链和监管链网络之间的协同，最终达到双链融合，实现我国食品安全的目标。

1. 供应链内部的网络协同

一般来说，在食品供应链的内部存在一个核心企业，核心企业的相对规模较大，在供应链网络中拥有较强的话语权，因此要实现供应链协同管理，必须以核心企业为主导，形成供应链联盟，构建供应链合作伙伴关系，减少供应链运营中的不稳定性。在供应链联盟形成初期，核心企业可以根据一定的遴选标准对供应链上的相关企业或农户进行评价选择，甚至在条件允许的情况下精简供应链上下游企业的数量，留下那些质量信誉良好的企业，将其发展为供应链合作伙伴，链上企业通过签订契约与核心企业维持双边合作关系。另外，供应链上的核心企业可以主导构建供应链信息共享平台，实施信息共享的标准化建设，将供应链共享信息的内容、信息结构形成一个整体标准，保证各种信息可以在供应链信息共享平台上及时畅通地发布和查询（周德翼和杨海娟，2002）。在构建供应链信息共享平台的过程中，同时构建食品供应链的全程可追溯系统，实现原料端、生产端、运输端、流动端、监管端等环节无缝衔接，在生产、加工和运输的各个阶段跟踪成分或原材料、包装及产品的所有权及特性。

除了关系协同和信息协同之外，供应链内部还可以加强生产方式和技术协同，实现供应链生产的“准一体化”。食品供应链核心企业应着力加强供应链生产能力建设，通过技术培训、现场指导等手段帮助农户实现农产品的标准化生产。标准化生产可为农户提供简单易学、可操作的食品安全原料生产技术和操作规范，提高农户满足企业和消费者对食品原料安全要求的可能性，并且由于农户生产具有统一标准和统一的生产规程，便于学习和推广，为农户实现大规模生产提供了示范；同时，食品生产的核心企业在农户标准化生产过程中可以用“投入控制”替代“产出考核”，增强企业对农户和农产品生产过程质量安全的控制力。

2. 监管链内部的网络协同

食品安全问题的复杂性及食品供应链的流动性、传递性、扩散性等特征使得食品安全监管部门之间的资源相互依赖程度日益增强，因此，加强监管链上各部门信息资源的整合并构建公共信息发布平台是监管链网络协同的一个关键问题。为避免食品安全监管过程中出现多头管理的问题，国务院明确提出食品安全要按照“一个监管环节由一个部门监管”①的原则，但是事实上食品供应链的自然属性决定了食品生产流通过程中的一个环节可能会涉及多个政府监管部门，因此必须将分散在不同部门、不同环节的监管信息资源进行整合，使得监管链上的各方能够实现信息共享，才能发挥监管链的协同效应和增值效应。各监管部门必须打破本位主义思想和固有偏见，改变过去的部门内部自我封闭、信息闭塞、相互隔绝等状况，及时相互通报质量安全监管信息。

为了矫正以往食品安全监管中各自为政、忽视合作的状况，必须建立超部门的协调机制和多部门联动机制，加强协调机构的权威性。另外，虽然我国也成立了国务院食品安全委员会，但是其工作职能和权限并未明确，超部门的协调机制尚未确立，食品安全监管链上的各部门在合作过程中应当遵循什么原则和规定，各部门在合作中应该承担多大比例的责任，在合作过程中发生行政争议时通过什么途径来解决等这些现实问题必须由协调机构甚至是国务院进一步研究后予以明确，方能实现监管链的网络协同管理。

3. 供应链和监管链网络之间的协同

要解决食品安全问题，监管链与供应链之间应该呈现出双向的良性互动关系，成为食品安全供给的合作伙伴，而非局限于自上而下的监管与被监管的关系。政府监督部门和企业双方可以共同进行学习创新、知识共享等互动合作。对于有条件的企业，可以与质监部门联合对生产过程实施协同监控，根据食品供应链的特点，以“农田到餐桌”的整个供应流程为着眼点，运用 HACCP 原理对各个生产过程进行危害性分析和关键控制点的确定，针对产品的关键控制点利用高效液相色谱（high performance liquid chromatography，HPLC）、气相色谱（gas

① 《国务院关于进一步加强食品安全工作的决定》。

chromatography，GC）技术及其联用质谱（mass spectrometry，MS）技术等先进的快速检测技术，建立产品的谱图特征库，并对产品的生产过程进行实时监控，监管部门对生产企业提供准确的技术支持。

供应链和监管链之间除了可以实施基于谱图特征库的检验技术协同之外，还应鼓励双链协同开发建设食品质量控制与安全可追溯信息系统，实现双链之间的信息共享和协同。首先，要针对当前各地食品安全检测指标不统一导致检测结果不一致的情况，由监管链上的国家相关部委协调后出台统一的检测指标，为全国范围内的食品安全检测信息提供统一的数据标准；其次，监管链相关部门应该督促供应链上的有关企业通过互联网等媒介将食品质量信息传输到可追溯信息系统的数据中心，供应链、监管链上的各行为主体以及消费者可以通过网络对食品相关信息进行查询；最后，在条件具备的情况下，可以采用基于物联网和云计算的食品安全数据分析技术，实现食品安全的无缝化监管和智能化管理。

1.2.2 食品质量安全治理路径的驱动机制

食品安全问题治理结构的塑造不仅要构建一种能协同供应链和监管链的结构框架，还要使这个结构顺利运行起来，以实现保证食品安全的目标，但是双链协同的实施与其所期望的协同效应之间并不必然是一种简单的线性对应关系，其顺利运行需要进行一系列深层次的管理创新，建构与之相适应的各种制度安排与驱动机制。

1. 利益驱动

在供应链管理过程中，利益共享是解决供应链内部信息封闭、合作关系不稳定等矛盾冲突问题的重要机制。因此，作为食品供应链的核心企业或者龙头企业，要在供应链内部建立收益共享机制，让供应链保持稳定的互惠共生关系，以提升食品的质量安全水平和供应链的整体竞争力。食品供应链核心企业可以资源整合为切入点，以利益共享为核心，拓宽核心企业和上下游企业尤其是提供原材料的农户之间的利益共生界面，企业为农户的扩大再生产和农产品的标准化生产活动提供贷款担保，为农户提供可预期的利益分享激励，使农户有足够的动力参与供应链质量安全协同活动。

利益驱动机制不仅是食品供应链协同的需要，还是改变供应链和监管链之间对立关系的需要。政府监管部门在对食品相关企业进行质量安全监管的过程中，可以开展企业质量安全评价活动，通过采集、记录企业的质量诚信信息，根据不同企业的诚信守法经营状况，有针对性地评选出所辖范围内的食品行业名牌产品并在主流媒体上予以公布［虽然国家质量监督检验检疫总局（现为国家市场监督管理总局）此前也开展过名牌产品评选活动，但是产品涉及食品行业的极少］，为消费者的消费行为提供一定的指导和借鉴，同时提升企业的市场声誉和经济效益，促使企业主动接受监管、供应链自发与监管链协同。

2. 绩效驱动

食品安全监管的目标强调的是食品质量安全的具体结果和整体效能，具有“团队生产”的特点，但现实中食品安全监管目标的实现通常建立在监管链上多个政府部门共同努力的基础之上，每个监管部门可能都只对目标的实现承担部分责任而非全部责任，而监管环节中“模糊地带”的存在又使得责任划分时难以完全明晰每个部门的确切责任，这就使得“搭便车”的行为很有可能发生，进而导致“责任遗漏”和“监管空白”的出现，因此建立跨部门协同监管的绩效考核驱动机制尤为重要。

科学合理的监管链协同绩效考核机制，能够促进监管链内部的部门合作，激发监管部门的能动性，避免食品市场机制失灵导致“柠檬市场”的出现，提高食品安全的整体水平。作为主管食品监管部门的上级政府必须以整体化的视角对各部门的绩效予以通盘审视，通过在各单位的考核量表中设置协同性绩效指标来促进监管链的部门协同。具体而言，可以引入这样的指标：一是引入部门信息共享评价指标，促使相关单位开放各自的信息系统并及时相互通报企业的质量安全检查信息；二是引入相关监管部门的协作满意度指标，通过设计协作满意度调查问卷，由监管链上联系密切的部门对被调查对象在日常监管工作中的协调配合程度进行打分，根据打分结果判断该单位配合其他监管部门工作时的协同程度。

3. 契约驱动

食品质量安全是企业与农户共同适应、共同激发、共同合作、共同进化的结果，其形成离不开一系列质量契约的约束。

第一，为了避免供应链上企业短期利益最大化的倾向，核心企业要建立基于产品质量安全的跨期支付契约。作为核心企业并非一次性付清上游企业或者农户的货款，而是建立一种长期支付机制，将上游企业的产品信息登记并长期进行跟踪（可以利用可追溯信息系统来实施追踪），通过消费者及监管链的长期反馈信息决定上游产品的质量等级并以此作为价格支付的重要依据，上游企业提供的原材料或半成品中隐藏的质量问题在跨期支付机制下无以遁形，唯有选择与核心企业协同提高产品质量才是厂商博弈的纳什均衡策略。

第二，核心企业可与上游企业建立基于触发策略的产品质量免检制度。触发策略具体到食品供应链中，核心企业可与上游企业或农户签订契约：在长期合作中，上游企业提供质量合乎契约安全要求的产品，如果市场销售或者政府监管部门反馈产品没有质量问题，则核心企业保证质量免检制度的执行，而一旦消费者或监管链反映产品的质量安全存在问题并经查实是上游企业提供的原料引起的，则取消其免检待遇并对其进行经济处罚，其惩罚力度甚至远远超过其前期提供假冒伪劣等低质量产品的所得。

1.3 质量链理论概述

1.3.1 质量链理论及其发展

1. 质量与质量管理

随着科学技术的不断发展和经济水平的不断提高，在激烈的市场竞争中，产品质量作为衡量经济和技术的重要因素，被国家、相关行业、相关企业不断重视。党的十九大报告中提及“质量强国”，在国家政策层面，政府对“质量强国”有很高的期望。学术界对质量的理解也在不断变化，质量的概念在不断发展。20世纪40年代，质量管理大师Deming认为质量是指以最经济的手段制造出市场上最有用的产品（Walton，1988）。20世纪60年代，质量管理大师Juran（1988）将产品在使用期间能满足使用者的要求作为质量的定义。20世纪70年代，被誉为当代“伟大的管理思想家”“零缺陷之父”的Crosby（1989）把质量定义为符合要求，他认为，好的质量意味着第一次把正确的事做正确，并提出质量的衡量要用金钱和代价，而不是各种基于妥协的指标。三位学者都认为好的质量意味着用户的需要，而不仅仅是达到相应的规格和标准，他们都不赞同质量与成本存在正相关关系，他们从不同角度论证了质量的提高不会导致成本的提高，反而会带来成本的降低，如高质量带来鉴别成本、错误处理成本等的降低，他们都认为质量管理是一个针对整体企业的持续过程。

20世纪以来，随着经济水平的不断提高，经济模式发生了改变，企业经营模式也发生了改变，针对企业经营模式的变化，质量管理也随之发生了变革。20世纪初期，大批量生产模式大行其道，彼时质量管理主要以质量检验为中心，如Shewhart提出的统计过程控制（statistical process control，SPC）方法。20世纪中后期，经营目标追求用户满意，此时生产经营模式为多样化生产模式，质量管理大师也在此时期纷纷提出多样的质量管理方法，以全面质量管理为主，如质量功能展开（quality function deployment，QFD）、田口质量理论等。21 世纪至今，在经济全球化的背景下，企业生产模式横向一体化，质量管理内涵为质量形成与实现过程的管理。质量管理的新内涵带来了新的质量管理方法——质量链管理方法。质量管理方法随着经济技术的发展和管理内核的改变逐步发展，其发展过程如表 1-1 所示。

表 1-1 质量管理方法发展过程

时间	经济背景	质量管理方法	特点
20 世纪初到 20 世纪 30 年代	企业细化内部分工，检验从生产中分离出来	检验质量管理，如抽样检查	以事后检验为主，对不合格品的生产缺乏控制
20 世纪 40 年代	大规模生产大行其道	统计质量管理，如统计过程控制	将范围拓展到生产过程之中
20 世纪 60 年代	多样化的生产模式	全面质量管理，如质量功能展开	在企业中以质量为中心，建立全员参与基础上的质量管理
20 世纪 90 年代以来	经济全球化的背景下，企业生产模式横向一体化	质量链管理	将产品质量形成的所有过程作为一个整体来考虑

2. 质量链管理

21 世纪以来，为适应经济全球化的发展趋势和企业生产模式横向一体化的变革，质量管理的内涵逐渐变为质量形成与实现过程的管理。因此，众多学者对质量管理新内涵开展了深入的研究，带来了质量链理论的发展。Tom 等（1996）结合了供应链及工序性能、统计过程控制、质量功能展开、进度绩效指数（schedule performance index，SPI）、产品特性等重要的质量概念，系统全面地解释了这些概念之间的有机联系，据此首次提出了质量链的概念。著名的质量管理专家 Juran（1988）提出了质量环这一概念，他认为产品质量是在产品从设计到售后这一系列行为中逐步形成的，并随着产品推入市场螺旋上升，质量在这个全面过程中不断得到提高。金国强和刘恒江（2006）认为无论是质量环还是质量链都强调产品质量控制过程的系统性和协作性，所以两者本质上是相似的，是无区别的，质量环与质量链本质内涵相同。Chin 等（2006）研究了在全球化背景下的质量管理问题，全球质量网络将分布在全球各地的不同公司的质量链有机结合起来，形成了全球质量链，并提出了全球质量链管理（global quality chain management，GQCM）这一概念，在此基础上设计了一款基于 Internet 的全球质量链管理系统，以确定全球质量管理过程中所涉及的相关标准、方法、原则与机制。

此外，有很多学者发表了对质量链的理解和研究，拓宽了质量链管理的内容。Spiegel 和 Ziggers（2000）基于供应链的视角，提出了供应链质量管理结构模型，较早地体现了质量链管理思想。Cai 等（2013）基于智能网络研究，建立了闭环质量链的智能网络结构模型，对质量链管理的代理运行方案进行分析。Mbang 和 Haasis（2004）基于对车身工程的研究，构建了质量保证过程链，论证了需重视质量管理过程性。Robinson 和 Malhotra（2005）基于供应链管理理论，认为质量链是供应链中所有组织或成员为了满足市场的需求以及创造价值而持续提高产品服务质量的商业活动过程。Tsai 和 Wang（2004）通过研究质量链中的质量控制模型，得出了质量链管理中正向耦合作用的重要性。Wu 等（2013）以质量链视角研究大型复杂项目的质量合作协调方式，降低质量冲突。通过对比研究供应链质量管理，分析大型复杂项目质量链的定义和运行机制，研究表明了大型项目管理中质量链管理的可行性和必要性，这一研究为质量链理论研究和质量链管理提供了新的角度和支持。Lo 和 Yeung（2004）认为质量链协同管理是指对所有质量链上的节点企业进行全面质量管理，是对质量实现全面过程管理，并且构建质量战略模型，将质量管理上升到企业战略层面。

唐晓芬等（2005）认为质量链是组织共同参与并实现质量特性的过程的载体，质量流、价值流、信息流在质量链中定向流动。谢强（2002）认为质量链是产品或服务质量形成的全过程所构成的结构功能网络模式，并且以提高市场满意度为核心，他还提出了质量链管理的主要内容，分析了质量链管理中的关键技术。刘微和王耀球（2005）通过对比研究供应链管理与质量链管理，指出了二者之间的联系，分析了质量链管理产生的背景，明确了质量链管理的概念，系统介绍了质量链管理的实施过程及架构，并对质量链的有效管理提供了一些方法与对策。蒋卫中（2016）通过研究关键质量特性，对质量链管理信息系统进行研究，探讨了质量链管理与关键质量特性相结合的重要性。杜微等（2013）基于产品关键特性设计了一套质量链管理流程，根据这套质量链管理流程提出了一种基于质量特性的质量链管理框架结构模型。乌云娜等（2013）、杨益晟和乌云娜（2015）通过对比研究质量链、供应链、信息链、价值链，提出质量链管理的内容更为宽泛一些；比较了质量链管理和供应链质量管理，给出了关于宏观质量链的概念与定义，宏观质量链由众多参建方构成，其质量能力共同影响工程质量水平，它们之间的质量能力协同程度决定了项目整体水平，即论证了质量链管理在工程建设项目中的重要性。岑詠霆和徐骏（2011）提出了一种针对质量链风险等级等指标体系的划分方法，系统研究了质量链的构成要素。唐晓青和段桂江（2002）提出了协同质量链管理概念，认为协同质量链管理可以打破企业内部质量黑箱的限制，提出了质量管理的三维集成模型与实施框架。刘恒江（2007）认为质量链管理是质量流在产品生产过程、运输、销售各个环节中进行的有序传递，提出质量链的耦合机制包括两方面内容，即生产营运的耦合及资源信息设备的耦合。单汨源和张人龙提出了大规模定制质量链管理的概念，采用数据包络分析（data envelopment analysis，DEA）模型研究了大规模定制质量链协同效度。他们研究了大规模质量链，分析了其特点，构建了质量链协同指标体系，对大规模定制质量链的协同性进行了分析和评价，并基于混沌理论与熵理论分析了质量链协同机理（单汨源和张人龙，2009；张人龙和单汨源，2010）。肖人彬和蔡政英（2009）建立了闭环质量链的过程结构模型，采用模糊化方法有效降低了不同企业质量水平的不确定性，对质量链上各链节点企业的质量水平进行控制。葛运朋和张敏（2018）运用FMEA（failure mode and effects analysis，失效模式及后果分析）法对质量链系统失效模式的风险等级进行评定，运用DEMATEL（decision-making trial and evaluation laboratory，决策试验和评估实验室）评估产品或服务质量失效模式和风险，并提出相关改进方法。

随着经济社会环境的改变和技术的革新，质量链管理理论更符合当今企业所面临的竞争合作环境，更符合以电子商务为代表的新经济发展模式，更贴合产品多样化、产品复杂化的市场竞争特点。食品作为一种质量要求严苛、生产过程复杂且关系国运民生的重要产品，其质量管理模式研究随经济社会环境的改变而发生了重大的变革，即质量链理论在食品质量安全治理领域的深入研究和广泛应用。

1.3.2 质量链与食品质量安全治理

质量链管理充分考虑质量演变的复杂系统特性以及从全生命周期角度进行管控的优势，使得其对食品等质量演变复杂系统的表征较为准确和科学。因此，众多学者将质量链理论用于食品质量安全治理的研究，衍生出了食品质量链管理理论。

食品质量链作为质量链的一种，具有节点多、分散广、环节多、网络大且复杂程度高的特点。国外学者对食品质量链进行了较多理论上的研究。Blokhuis等（2003）开创性地将动物福利水平纳入产品质量体系，从食品质量链透明性的角度对动物福利水平进行衡量和分析，拓宽了食品质量安全体系的研究范围。Cannon等（1996）认为猪肉生产加工企业在猪肉质量链中是一个重要的质量审核部分，并对猪肉生产加工企业进行调查，找到并且量化影响猪肉质量的因素。Resende-Filho和Hurley（2012）认为保证食品质量安全不一定完全依靠政府，食品质量安全的关键是食品供应链上游原材料的质量水平，并提出下游的食品企业应该采用精度较高的追溯技术来规避来自上游的质量安全问题。Hejaz等（2013）利用多元响应曲面方法和统计分析技术，对质量链过程进行设计和优化。

由于食品质量安全事件的社会影响极为恶劣，许多学者开始从食品质量链管理的角度分析食品安全问题产生的原因，希望能提高食品质量。学者主要研究了食品质量链中关键链节点的识别，多主体在食品质量链中的协同有效性，以及食品质量链的性能评价。谢康（2014）认为从质量链协同性角度分析，食品加工生产组织相较于一般制造业生产组织来说，其生产流程更加非程序化、非标准化。

因此食品质量链的协同性更为复杂。他基于多主体协同的视角，分析了针对食品质量安全相应的治理方法与协同控制策略。孙世民等（2009）、沙鸣（2012）研究了供应链环境下的猪肉质量链，在研究猪肉质量链形成过程中提出了猪肉质量链的概念，并进一步探讨了猪肉质量链的特性、结构与功能，为猪肉质量链的研究开辟了新的领域，并且基于来自山东的 1 156 份问卷数据，使用 TOPSIS（technique for order preference by similarity to an ideal solution，优劣解距离法）模型框架分析了猪肉质量链关键链节点与重要链节点，对各级链节点之间的关系做了较为详细的描述，阐述各级链节点对猪肉质量的安全保证的重要性。王海燕等（2015）研究了食品加工质量投资对食品质量链的影响，通过构建模型，找出食品生产加工质量最佳投资决策方案。孟秀丽等（2014）基于质量链协同理论，提出了一种在食品质量链上解决多主体企业之间合作协调问题的冲突消解方法。尹小华（2014）基于序参量构建了食品质量链的协同水平评价模型。于荣等（2014）基于合作效用概念，构建了不确定收益情境下的多主体行为博弈，对食品质量链中的异质性主体协同合作问题进行深入研究，为食品质量链的研究提供了新思路。王彬（2004）认为质量链是具有复杂性和开放性的链式结构，质量链涉及诸多影响产品质量的因素，质量链管理有动态性、面向顾客、协同性、开放性等特点。张东玲和高齐圣（2016）指出农产品供应链集成化的趋势是形成农产品质量链的原因，并基于关键路径的思想，建立了识别农产品关键质量链的线性规划模型。俞磊（2015）从质量链过程性的特点出发，采用数据包络分析模型研究食品质量链的绩效评价。甘艳（2012）对北京市冷链物流的关键技术做了详细调研，分析了北京市冷链物流现状和存在的问题，并运用质量链管理的相关原理和分析方法，对北京市肉制品质量链形成过程及耦合效应进行了深入分析。另外，利用调查问卷法和聚类分析算法对质量链的关键链节点进行识别，并提出了针对关键链节点的控制方法，实现了冷链物流的过程控制。杜微等（2013）在分析质量链概念和结构模型的基础上，基于食品关键特性在质量链中的演化过程即产品质量实现过程提出了质量链管理框架模型。崔璟丽（2011）在果蔬农产品领域对质量风险有着自己的控制方法，在对果蔬冷链质量风险进行识别的基础上，建立了整套风险评价体系用以进行综合评价，运用风险与收益相对称模型分析果蔬冷链质量风险分担机制，实现供应链多方的共赢。

综上所述，国内外学者已将质量链管理方法运用到食品领域。多组织、多要素是食品质量链的重要特征，而节点也可表现为多组织、多要素参与的过程集合。在食品的生产过程中，多生产单位和多质量影响因素的共同作用，实现了食品特定的关键质量特性。因此，质量链中风险演化传播分析、关键节点的识别及协同性分析是目前学者们研究的重点。

1.4　食品质量安全治理理论与研究现状

1.4.1　食品质量安全治理及其模式

本小节拟运用文献计量分析方法与工具对国内外食品质量安全治理的相关研究文献进行分析，以掌握食品质量安全治理的研究现状。

1. 数据来源与研究方法

国际数据来源于 Web of Science 数据库的核心合集，国内数据来源于中国知网平台收录的中国科学引文数据库（Chinese Science Citation Database，CSCD）和南京大学中国社会科学引文索引（Chinese Social Sciences Citation Index，CSSCI），检索时间为 2020 年 12 月。在 Web of Science 核心合集中将检索主题词限定为“food safety”“food quality”“food security”，时间范围为系统默认范围，可以检索到 1 264 406 条文献记录，为确保文献数据的质量和相关度，对检索结果进行如下限定：首先，将文献类型限定为“ARTICLE”，去除书评、会议论文等其他文献，仅保留期刊论文；其次，将文献的学科类别限定在“Food Science Technology”；最后，将来源期刊限定在与食品科学技术领域高度相关的 *Food Policy*、*Food Control*、*Food Quality and Preference* 3 种食品质量安全治理研究领域的权威期刊，这些期刊均为《期刊引证报告》分区中的 Q1 区期刊。在对检索结果进行精练以后，还保留 2 565 篇论文。CSCD 和 CSSCI 分别收录了中国自然科学与社会科学领域的重要期刊，这两个数据库的检索结果基本可以涵盖国内食品质量安全治理研究的主要领域。在中国知网期刊数据库通过专业检索功能检索“SU=（食品质量+食品安全）AND SU=（消费者+监管+政府+治理+法律+立法+法规+政策+管理+风险+大数据+事件+供应链+支付意愿+影响因素+行为+企业+行业+社会共治+公众+媒体+舆情）”，来源类别限定为“CSSCI”和“CSCD”，时间范围为系统默认年限，可获得 3 771 条文献记录。

本节研究运用文献计量分析工具 VOSviewer 对中英文的文献题录数据进行分析。VOSviewer 是由荷兰学者 Nees Jan van Eck 和 Ludo Waltman 共同开发的分析工具，该软件可实现对标准化的文献题录数据进行自动化提取和处理，实现文献、作者、机构和国家/地区等单元的频次统计、共现分析和引文分析，可用于探究学科领域的研究现状与趋势。

食品质量安全治理研究领域的国内外论文年度分布趋势如图 1-1 所示。可以看出，国内发文量的增长明显要快于国际发文量，发文高峰出现在 2013 年前后，近几年发文增长率已趋于缓和，而国际上该研究领域自 2013 年以来发文量保持在比较高的水平，其发文高峰出现在 2020 年，说明国际上该研究领域的发展势头更强。

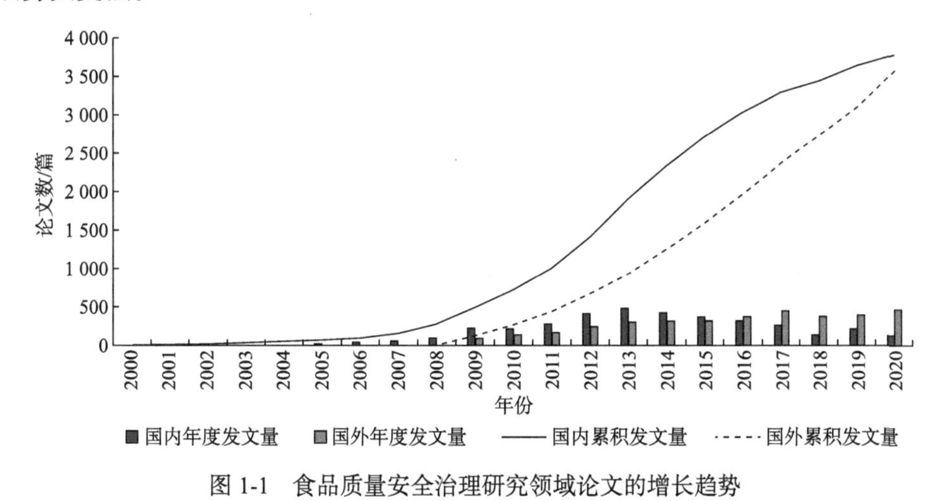

图 1-1 食品质量安全治理研究领域论文的增长趋势

2. 国内外热点研究主题分析

关键词是对论文研究内容高度精练的描述，以关键词为单元，运用适当的统计、聚类分析方法，可以揭示特定学科领域的研究热点。VOSviewer 软件提供的关键词共现分析功能可以实现对同类关键词的聚类，从而获得国内外食品质量安全治理研究领域的热点研究主题。

1）国际热点研究主题

通过该软件的关键词共现分析功能，可绘制国际食品质量安全治理研究的关键词共现图谱，该图谱包含了频次在 5 次以上的 398 个关键词（为避免大小写不统一导致的同一词被多次统计，网络中的词在进行统计分析时统一了大小写，在呈现时也统一以小写进行呈现）。部分词未被归入 11 类中，属于网络中边缘节点，因此不纳入分析，故仅选取了 347 个词。VOSviewer 软件将 347 个词聚为 11 类，由于篇幅有限，我们仅对其中 3 个大类进行命名和分析。图 1-2 中的关键词被聚类为 3 个类别（主题），分别是食源性病原体检测与危害防治（聚类 1）、食品质量安全风险因素及其治理（聚类 2）、食品质量安全教育与风险感知及评估（聚类 3）。

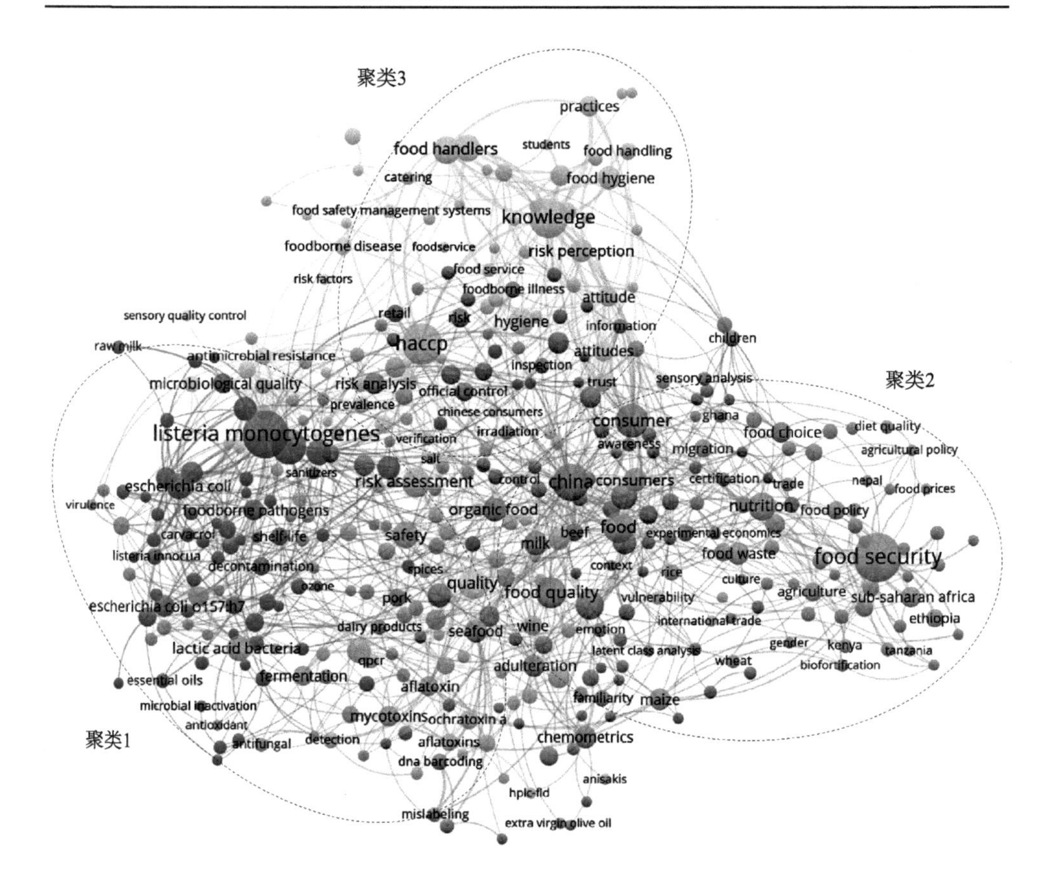

图 1-2　国际关键词共现图谱

聚类 1：食源性病原体检测与危害防治。在该类下包含的关键词有 listeria monocytogenes、salmonella、quality、campylobacter、escherichia coli、meat、foodborne pathogens、poultry、microbiological quality、antimicrobial、salmonella typhimurium 等，重点研究食品中的食源性病原体检测与分析以及防治措施等。在食品产生及供应过程中最常出现的病原体是李斯特菌、弯曲杆菌、大肠杆菌、沙门氏菌等，需要掌握这些病原体可能导致的食品污染、腐坏及变质等问题，并分析相关防治措施的效果。消费者对食源性病原体的风险感知显著低于农药，这主要是因为消费者乐观地认为食源性疾病发生的可能性非常低（Yu et al.，2018）。李斯特菌污染物主要来自原材料和与食品间接接触的表面，食品生产企业需要执行与食品质量和安全体系有关的法规，以防止食品加工厂中的单核细胞增生李斯特菌污染（Saludes et al.，2015）。单核细胞增生李斯特菌和金黄色葡萄球菌是食品接触表面上检出率最高的病原体（Sibanyoni and Tabit，2019）。以单核细胞增生李斯特菌为例，这类致病菌易通过食品污染导致李斯特菌病，在食品生产加工过程中，许多场所都是该病菌的来源，保持良好的场所卫生是控制单核细胞增生李斯特菌污染的重要措施（Rodriguez et al.，2020）。肠道沙门氏菌是美国食源性病原体污染的主要原因（Jin and Tang，2019）。智利农业和畜牧业服务局、智利食品质量安全局与内布拉斯加林肯大学联合实施了一项旨在控制大肠杆菌的研究，确定对大肠杆菌最具影响力的因素是甲肝病毒污染，提出应将基于风险的食品安全管理体系应用于公共卫生保护能力建设（Ortúzar et al.，2020）。Neri 等（2019）比较了欧盟和美国对李斯特菌和沙门氏菌的控制措施，检验结果显示，欧盟与美国产品、企业的李斯特菌和沙门氏菌检出率之间没有差异（分别为 p=0.213 和 p=0.364）。食用原奶可能会对人类造成病原体污染，强烈建议在食用牛奶之前先加热牛奶，而除了感官特征改变外，加热不会显著改变原奶的营养价值（Claeys et al.，2013）。一项针对路易斯安那州孕妇的调查显示，消费者所具有的李斯特菌意识与某些人口统计学变量（如年龄、种族和教育水平）之间存在关系，孕妇的李斯特菌意识与高危食物的消费行为之间仍然存在差距，因而需要对孕妇开展针对性的健康教育（Xu et al.，2017）。2013 年中国启动了由省级和市级疾病预防控制中心组成的国家食源性疾病分子追踪网络（TraNet），TraNet 在病因识别中起着重要作用，并能在食源性疫情暴发期间追踪受污染的食物（Li et al.，2018）。

聚类 2：食品质量安全风险因素及其治理。在该类下包含的关键词有 food security、food、nutrition、food waste、food choice、sub-saharan africa、agriculture、food policy 等，重点研究食品质量安全对消费者行为的影响以及食品质量安全治理体系与措施，主要通过调查了解各方对食品安全、监管措施的态度与看法，分析消费者在食品安全实践中的行为及选择倾向，明确现有监管方式、政策、体系及重要措施的有效性及影响因素。Hiamey S E 和 Hiamey G A（2018）调查和比较了街头食品消费者和非消费者对街头食品关注的差异性，以此确定了哪些关注可能对人们是否会食用街头食品产生重要影响，发现对环境、食品安全、健康和供应商的担忧是主要影响因素。Mohammad 等（2019）调查了美国农户市场经理和供应商对食品安全的看法，以分析食品安全监管的问题、知识差距及实践中的阻碍因素，研究结果表明，缺乏农贸市场食品安全指导方针所涉及的设施、设备和资源，是开展食品安全实践的主要障碍。Kim 等（2015）调查了 2011 年福岛核事故后食品消费者对风险感知、常识、现有信息源信任感，以及制订战略风险沟通计划所需信息的看法，其研究结论为了解消费者对福岛核事故后食品安全问题的一般看法提供了依据。社交媒体对食品丑闻的报道、生态环境污染、与食品有关的慢性病和癌症频发、对食品系统治理的担忧，以及缺乏评判食品质量的知识和能力，加剧了人们的焦虑情绪（Zhu et al.，2017）。

政府无力有效监管食品部门是食品安全风险增加的一个因素。Boatemaa 等（2019）以南非 2017 年和 2018 年爆发的李斯特菌病危机事件为例，基于与食品安全相关的公共政策和法规、公司报告（2013~2018 年）和媒体文章（2017 年 5 月至2018年5月）三组数据，分析了南非食品安全体系治理的问题与成效。研究显示，南非食品安全体系的治理并未达到预期目标，其原因在于政府监管与正规机构自我监管的有效性存在差距，且无力监管大型非正规机构的风险也在增加。食品零售部门的各级利益相关者应综合责任，以改善食品安全并防止食品安全违规行为，且政府还需要对食品安全体系进行强有力的治理，以实现有效立法和执法。大多数食品企业实施安全管理体系是有效的，因而官方控制在确保消费者食品安全和持续改善企业安全管理过程中起到了关键作用（Doménech et al.，2011）。使用手机、家庭收入、加强女权与食品安全和饮食质量成正比（Sekabira and Qaim，2017）。加纳的家庭食品制造行业相关企业在实施食品安全管理体系中容易遇到“使用前难以对包装材料进行测试”（占 97.0%）、“加工过程中没有质量安全控制点”（占 94.5%）、“原材料不合标准”（占 56.5%）等问题，其原因主要是对涉及食品安全的过程、基础设施和加工设备要求的了解不足（Tutu and Anfu，2019）。食品召回给食品行业的上市公司带来了显著的负异常收益，但企业社会责任减轻了这种负面影响（Kong et al.，2019）。食品添加剂过度使用、微生物污染和劣质食品质量指标是限制我国食品完整性的三大因素（Liu et al.，2018）。

聚类 3：食品质量安全教育与风险感知及评估。在该类下包含的关键词有 food safety、knowledge、food handlers、hygiene、risk perception、food hygiene、attitudes、practices、attitude、trust 等，重点研究食品质量安全知识水平与教育及风险的感知与评估。

食品安全知识水平因性别、年龄、受教育程度和食物制备频率而异，食品安全知识对控制食源性疾病极为重要，需探讨如何将食品安全教育的收益扩大到整个社会（Ruby et al.，2019）。食品安全知识水平还受婚姻状况、月收入、居住地、工作状态和职业的显著影响（$p<0.001$）（Okour et al.，2020），但这些因素对食品安全知识的接受程度却没有显著影响（Moreb et al.，2017）。食品安全知识对食品从业人员的态度有积极影响（$\beta=0.395$，$p<0.001$），而态度又反过来有助于从业人员遵守食品卫生条件（Kwol et al.，2020）。在高中实施食品操作员培训计划是食品安全教育者提高学生食品安全知识的可行机制（Majowicz et al.，2017）。食品安全培训和食品检验机构提供的信息均未在统计学意义上显著影响食品安全知识水平（Madaki and Bavorova，2019）。食品从业人员的承诺在其食品安全知识水平、食品安全态度和行为之间的关系中发挥着中介作用，管理层应注重将食品从业人员的知识和态度转化为实际的行为和实践（Taha et al.，2020）。实施学校供餐计划的食品管理员可在预防学校食源性疾病暴发方面发挥重要作用，但南非姆普马兰加省国家学校营养计划的大多数食品从业人员

缺乏微生物食品安全知识、意识和态度（Sibanyoni et al.，2017）。过度乐观的食品从业人员可能会忽略某些规程并污染食物（Rossi et al.，2016）。参加过培训课程的食品从业人员的食品安全知识水平更高（60.8%，p=0.001）（Christelle et al.，2018）。对食品安全防治影响较大的因素有食品从业人员的知识与态度、政策与资源环境、食品从业人员的能力与信息、文化差异等（Thaivalappil et al.，2018）。有关食品安全的负面信息增加了人们对普通食品危害的认识，并间接增加了对食品安全风险的总体认识（Ha et al.，2019）。对食品安全问题的风险感知会导致对食品添加剂的偏见和感知，但是知识在这种偏见关系中起到了缓冲作用（Miao et al.，2019）。在设计食品安全操作规范的过程中应首先降低人们对其当前实践的安全性的乐观态度（Evans et al.，2020）。

可追溯性信息是一种在食品安全实践中解决沟通问题的方案，可提高消费者的信任度，而食品信息的可追溯性是增加消费者对食品安全的信任的要素，需提升食品生产过程和运输的可追溯性（Matzembacher et al.，2018）。先进食品可追溯系统可最大限度地减少食品供应链中不安全或质量较差的产品。Chen（2017）提出了一种新的基于智能价值流的食品可追溯性网络物理系统方法，该方法与企业架构、EPCglobal 和雾计算网络的价值流映射方法相集成，可以提升可追溯性的协作效率。Chen 等（2020）介绍了一种二维条形码技术的移动式猪肉质量和安全追踪系统，可实现基于批次的猪肉追溯，大大降低了追溯系统的成本，且供应链上下游之间的信息验证机制，以及消费者、企业和政府的充分参与，也能够极大提高所追踪信息的可信度。此外，区块链技术的兴起与应用，也为提升食品安全的可追溯性提供了新的技术手段，但这项技术当前在食品供应链中的应用仍然处于入门阶段。区块链技术对食品供应链的利润和投资回报产生积极影响，导致了外部食品质量属性的增加，并且由于信息可访问性、可用性和可获取性的改善，整个食品供应链的信息管理水平也获得了提升（Stranieri et al.，2020）。区块链算法在确保食品贸易网络的可追踪性方面具有很大的潜力，食品区块链中的数据以不可修改的方式存储，且可以跨所有流程和步骤进行快速跟踪，因此可更快地识别商品或半成品（Creydt and Fischer，2019）。在食品供应链的食品质量安全研究中，食品欺诈问题也是重要的研究内容之一。SSAFE（Safe Supply of Affordable Food Everywhere，无处不在的可负担食品安全供应）的食品欺诈脆弱性评估工具可用于评估整个供应链各行为主体之间脆弱性及其差异，以分析相关食品质量安全控制措施的效果（van Ruth et al.，2018）。Robson 等（2020）通过提取、分析 1997~2017 年食品和饲料快速预警系统和 HorizonScan 发布的相关食品通知，确定了食品欺诈的类型，发现假冒是牛肉行业最常见的欺诈类型。Bouzembrak 等（2018）开发了一个用于预测草药和香料产品供应链监视优先级与食品安全危害性的模型。该模型运用贝叶斯网络方法对食品安全快速预警系统、化学污染物监测数据库的数据进行分析，其预测精度超过 85%。Wang 和 Yue（2017）采用关联规则挖掘和物联网技术开发了一种食品安全预警系统，该系统对整个供应链的所有检测数据进行及时监控，并进行自动预警。国际高频关键词如表 1-2 所示。

表 1-2 国际高频关键词（排名前 50 位）

序号	关键词	频次	聚类	序号	关键词	频次	聚类
1	food safety	522	3	26	food safety knowledge	16	3
2	food security	98	2	27	poultry	16	1
3	listeria monocytogenes	90	1	28	practices	16	3
4	Knowledge	63	3	29	sub-saharan africa	16	2
5	Salmonella	49	1	30	sustainability	16	2
6	escherichia coli	43	1	31	microbiological quality	15	1
7	food handlers	41	3	32	agriculture	14	2
8	Food	38	2	33	antimicrobial	14	1
9	foodborne pathogens	36	1	34	food policy	14	2
10	quality	35	1	35	poverty	14	2
11	nutrition	32	2	36	salmonella typhimurium	14	1
12	attitude	31	3	37	trust	14	3
13	training	27	3	38	food consumption	13	2
14	campylobacter	25	1	39	inactivation	13	1
15	hygiene	25	3	40	nisin	13	1
16	meat	22	1	41	shelf-life	13	1
17	staphylococcus aureus	22	1	42	decontamination	12	1
18	risk perception	21	3	43	educations	12	3
19	food hygiene	20	3	44	ethiopia	12	2
20	fresh produce	20	1	45	migration	12	2
21	food waste	19	2	46	packaging	12	2
22	biofilm	18	1	47	education	12	3
23	food industry	18	2	48	food handler	12	3
24	maize	17	2	49	modeling	11	1
25	food choice	16	2	50	retail	11	1

2）国内热点研究主题

国内食品质量安全治理研究领域的关键词共现图谱如图 1-3 所示。在该图谱中，共有 435 个频次在 5 次以上的关键词，这些关键词可聚为 20 类，具体可归纳为 3 个大的类别，分别是供应链视角下的食品质量安全治理与消费（聚类1）、食品质量安全治理标准与立法（聚类2）、食品质量安全风险评估与社会共治（聚类3）。

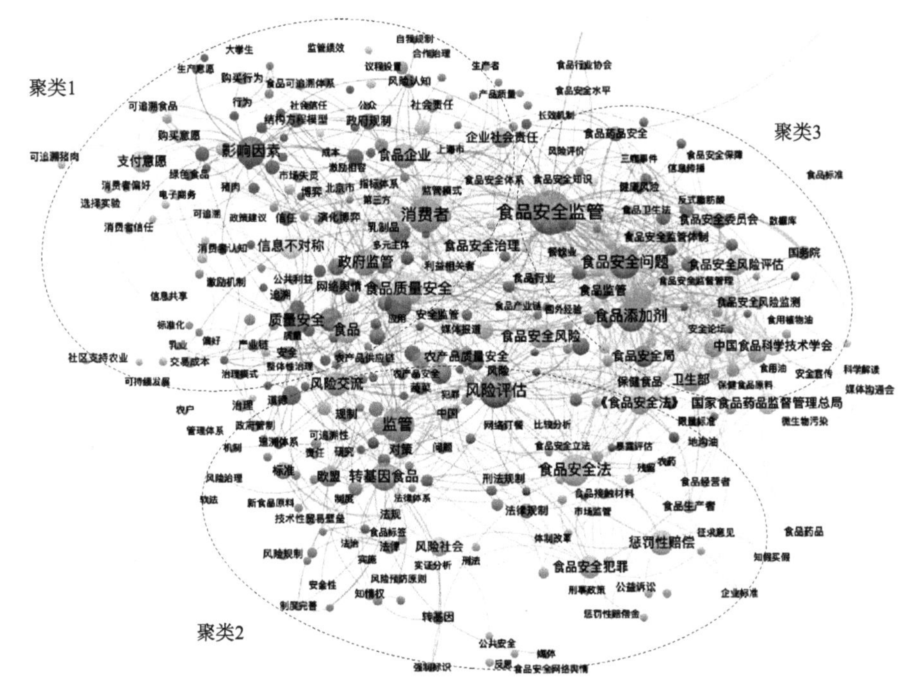

图 1-3　国内关键词共现图谱

聚类 1：供应链视角下的食品质量安全治理与消费。该类下包含的关键词有消费者、农产品供应链、影响因素、政府监管、食品、食品企业、信息不对称、支付意愿、食品安全治理、企业社会责任等，主要研究在食品供应链中的多方监管与消费者行为及支付意愿。

媒体和网民对转基因食品持有明显的负面态度，我国的转基因食品安全网络舆情环境不容乐观（吴林海等，2015）。不安全食品充斥市场是信息不对称环境下非最优均衡的必然结果。在信息不对称环境下，贴有机标签会改变消费者从有机食品消费中获得的效用（张蒙等，2017）。我国现行食品安全监管体制中的“结果考核制”和“检测权与处罚权合一”两种制度安排存在严重的激励扭曲，会导致监管者不作为、瞒报食品安全信息，甚至与生产者合谋（全世文和曾寅初，2016）。我国公众对于食品添加剂有较高的风险认知，72.5%的受访者存在概念误区，将三聚氰胺等违法添加物视为食品添加剂。公众对食品添加剂风险的高感知，起到主导作用的是政府、企业在食品安全相关工作上的履职信任而非概念知识的缺乏（陈思等，2015）。在供应链视角下，当政府监管部门对食品生产商和原材料供应商的监管程度都较高时，原料供应、食品生产的安全性都会提升（晚春东等，2018）。食品供应链管理对食品安全管理绩效的直接影响并不显著，而是通过食品可追溯性体系建设来影响食品安全管理绩效（刘晓丽等，

2016）。第三方监督对于政府监管部门的监督作用具有一定程度上的替代性（张国兴等，2015）。新媒体对食品安全监管的影响较之传统媒体发生了极大改变，且该影响具有两面性，检查频率、自律成本与不自律处罚是影响企业食品生产行为的重要因素（曹裕等，2017b）。日本食品安全风险交流以双向沟通机制、风险素养培养机制和国际合作机制为核心，形成了政府主导下多元主体参与的社会共治格局。王怡和宋宗宇（2015）提出我国应在总结日本经验的基础上，以社会共治理念为引导，通过明确风险交流主体的定位，搭建多样化信息沟通平台，建立风险交流公众参与机制，加强风险交流的国际合作来推进食品安全风险交流机制的建立。

食品质量安全信息是消费者选择、购买食品的重要依据，消费者的年龄、健康状况、收入、家庭结构及消费者对食品安全问题与政府监管政策的认知对消费者购买食品都具有显著影响，且价格是影响消费者选择、购买食品的主要因素（韩杨等，2014）。梁飞等（2019）调查了消费者对政府食品质量安全监管的信任度，以及这种信任度对消费者食品偏好与支付意愿的影响。齐文浩和李佳俊（2019）从复杂社会网络的视角分析了食品安全规制中消费者的信息分享行为，这对于解决食品安全问题和提升规制的有效性意义重大。消费者的支付意愿在不同可追溯信息组合下存在一定差异性，但对食品可追溯信息存在一致的偏好，且参与者更偏好于政府认证信息，并在总体上对包含完整可追溯信息的食品具有较高支付意愿（吴林海等，2014）。一般认为食品安全事件后伴随着消费者对问题食品购买的恢复，其风险感知逐步降低，但一项针对南京市消费者的调查显示，消费者对三聚氰胺事件的了解程度、消费者对政府的信任水平、个人月收入及受教育程度等因素对其风险感知与恢复购买行为不一致的可能性具有显著影响（周应恒等，2014）。另有一项针对国内一线城市 1 017 名城市消费者的调查显示，消费者对有机食品的概念、品质与外部性，以及供给现状的认知水平显著正向影响城市消费者有机食品购买决策（陈新建等，2014）。消费者对食品安全认证标签、可追溯标签和品牌属性均具有显著支付意愿（尹世久等，2015）。发生食品安全事件后短期内，购买意向会有较大幅度下降，下降程度主要取决于消费者负面情绪与个体态度，而对政府和企业的信任并不在短期内直接影响其购买意向，且政府加强监管与企业保证产品质量安全，都会提升消费者的购买意愿（李玉峰等，2015）。

聚类 2：食品质量安全治理标准与立法。该类下包含的关键词有风险评估、监管、食品安全法、转基因食品、惩罚性赔偿、农产品安全、食品安全犯罪等，重点研究食品质量安全标准、食品安全犯罪与法治及监管体系与制度等。

作为一种公共法律规则，食品安全标准的效力范围涉及行政执法领域自无疑问，但其在私法上是否也具有相应的效力理论上颇具争议。现行法规在关键位置为食品安全标准嵌入私法设置了三条管道，并照单全收，完全认可食品安全标准的私法效力，认为食品安全标准的私法效力本质上是食品安全领域的公私法合作方案在私法一侧的投影，要准确判断食品安全标准的私法效力，必须回归问题的本源，从食品安全立法的公私法合作框架中寻找答案（宋亚辉，2017）。食品安全标准对保障消费者身体健康和生命安全，提升政府食品监管能力，规范和引导食品生产者和经营者行为具有重要的意义。陈佳维和李保忠（2014）从食品安全标准的法律地位、制定主体和当前的食品监管形势等方面指出我国食品安全标准体系存在的问题。

目前，我国学者对食品安全法律问题所做的研究集中在三个方面：食品安全风险的检测与预防、食品链条全过程的监管与治理及食品安全出现问题时的法律惩处与救济（涂永前和马海天，2018）。涂永前和马海天（2018）指出，食品安全法研究涉及经济法、行政法及民法等领域，提出应构建社会共治模式，加大对食品安全权基础理论的研究。陈涛和潘宇（2015）在对食品安全犯罪现状进行分析的基础上，从管理体制机制、市场经济体制、法律体系、执法监督、侦查力量等方面分析了导致犯罪多发的原因。何晖等（2018）针对食品安全立法决策科学性不强的问题，提出了食品安全立法决策过程中应当遵循的理念。曾文革和林婧（2015）探讨了食品安全监管国际软法在我国实施的必要性、转化路径与途径、范围与重点及困境。

当前，我国进口食品监管的研究尚处于起步阶段，监管水平仍显滞后，相关立法存在一些问题，表现在立法理念滞后、体系架构不合理、国际标准采用率低、监管权责不明等方面（钟筱红，2015）。例如，转基因食品标识立法矛盾的主要根源在于转基因食品标识立法理念不一，立法权限划分模糊，地方立法保护主义滥用，国家立法监督制度缺位，制约了立法效果的实现（刘旭霞和周燕，2019）。民众对食品安全风险评估结果缺乏信任，其主要原因是食品安全风险评估法律规制的唯科学主义倾向。中国食品安全风险评估法律规制之所以体现出唯科学主义倾向，很大程度上是因为人们还是在以传统工业社会中理解风险的方式来理解当下中国食品安全领域的风险问题（郑智航，2015）。在食品安全法问题中，惩罚性赔偿是备受关注的问题。1993 年《中华人民共和国消费者权益保护法》第四十九条规定的加倍赔偿，以及 2015 年修订的《中华人民共和国食品安全法》（2021 年根据第十三届全国人民代表大会常务委员会第二十八次会议《〈中华人民共和国道路交通安全法〉等八部法律的决定》进行了修正）规定的十倍赔偿，一直被视为惩罚性赔偿（李友根，2015）。2015 年修订的《中华人民共和国食品安全法》全面强化公共执法，但私人执法尚未引起立法者的足够重视。惩罚性赔偿型消费公益诉讼具有内部化生产经营者外部成本、内在化消费者私人执法正外部性、利用消费者及其保护组织的隐性收益降低私人执法激励成本等多重价值（黄忠顺，2015）。我国各地法院在适用 2015 年修订的《中华人民共和国食品安全法》第一百四十八条规定的惩罚性赔偿条款时，出现了诸多事实认定和法律适用方面的争议，由此暴露了我国食品安全惩罚性赔偿立法存在错误、文义不清、功能定位失准之弊，且与侵权责任法等周边制度协调不畅，从根本上讲是保障经济法义务履行时对民事责任机制过度依赖所致（陈业宏和洪颖，2015）。

聚类 3：食品质量安全风险评估与社会共治。该类下包含的关键词有食品安全监管、食品安全问题、食品添加剂、卫生部、国家食品药品监督管理总局、食品安全风险评估等，主要研究食品质量安全评估及多主体参与的社会共治模式与体系等。

杨雪美等（2017）基于突变理论模型，构建了突发食品安全事件风险评价指标体系，对我国 2005~2014 年的食品安全风险进行综合评价，研究结果显示，2005~2014 年我国食品安全风险呈缓慢下降趋势，但从食品供应的三个具体环节来看，风险一直呈现波动趋势，特别是农产品生产和食品生产消费这两个环节的食品安全风险呈现增长态势。程铁军和冯兰萍（2018）基于 2011~2015 年食品安全新闻事件与数据，构建了食品安全风险预警因素体系，运用 Fuzzy-DEMATEL 方法对风险因素的因果类别及重要程度进行实证研究，分析和提炼了食品安全核心风险预警因素。郭旦怀等（2015）分别对哨点医院监测数据、食品检测数据和来自互联网的数据建立事件探测模型，实现风险评估，并分析比较模型优劣，最后建立统一的时空框架，他们引入人口、交通、食品生产等大数据对风险预测结果进行综合集成，对某大城市 2014 年食源性疾病事件的探测结果对比的实证结果显示，综合模型预测的时空精度更高，对防控更具操作性。陶光灿等（2018）开发了食品安全云平台。该平台是面向政府、食品企业、检验检测机构、行业协会、媒体和消费者的食品安全社会共治大数据平台，形成了集数据采集、分析、应用于一体的体系，促进了数据互联互通，提高了工作效率，降低了食品安全治理的成本。

从社会管理到社会共治，其实质是从由上而下的管理模式转变为上下结合、国家与社会相结合的治理模式，第三方监管力量由于其自下而上的信息传递特点，可补充政府自上而下的监管（张曼等，2014）。食品安全社会共治原则是指食品安全共同体在开展食品安全工作时应当遵循一同或一道管（治）理的准则（杨小敏，2016）。谢康等（2015）比较了在社会共治与单一监管这两种不同的体制下食品供应链质量协同的差异及其制度需求，提出了降低食品供应链契约不完备程度的方式。张明华等（2017）通过调查 194 家食品企业食品添加剂使用情况，运用二元 Logit 模型，分析了行业自律、社会监督、纵向协作和企业禀赋等因素对企业食品安全行为的影响。邓刚宏（2015）认为应当简政放权、强化执法责任、引入社会力量参与执法，通过发挥第三方监理主体和独立检测机构的作用，建立和完善相应的保障制度，以推进食品安全社会共治。王建华等（2016）梳理了“政府—市场—社会”参与社会共治的治理逻辑，并提出了社会共治的体系功能设计与制度性设计方案。倪国华和郑风田（2014）构建了一个包括企业、消费者、监管者、上级督察部门及媒体五方利益主体的制度体系模型，模型求解结果显示，降低媒体监管的交易成本不仅会提高消费者投诉的概率，还会降低监管者与企业合谋的概率，并会激励监管者及企业更加努力。在社会共治体制下，由于对“建立可追溯体系”、“设计有效的组织形式”和“建立双边契约责任传递”三种方式的协同有迫切需求，因此，通过三者的协同形成混合治理，能够实现食品供应链质量的有效协同，这是单一监管体制下所不具备的（谢康等，2015）。国内高频关键词如表1-3所示。

表1-3 国内高频关键词（排名前50位）

序号	关键词	频次	聚类	序号	关键词	频次	聚类
1	食品安全监管	162	3	26	支付意愿	40	1
2	消费者	102	1	27	食品安全犯罪	39	2
3	风险评估	97	2	28	供应链	38	2
4	监管	94	2	29	食品安全局	38	2
5	食品质量安全	81	1	30	国家食品药品监督管理总局	38	3
6	食品安全问题	81	3	31	监管体系	36	2
7	食品安全法	79	2	32	食品安全治理	36	1
8	食品供应链	75	1	33	欧盟	33	2
9	影响因素	71	1	34	食品安全风险评估	33	3
10	食品添加剂	70	3	35	中国食品科学技术学会	33	3
11	社会共治	63	1	36	企业社会责任	32	1
12	转基因食品	62	2	37	食品安全国家标准	32	3
13	质量安全	61	2	38	食品安全管理	29	1
14	食品安全标准	59	3	39	国家食品安全风险评估中心	29	3
15	政府监管	57	1	40	监管体制	28	1
16	食品	56	1	41	农产品质量安全	28	2
17	食品安全事件	52	3	42	风险社会	28	2
18	惩罚性赔偿	49	2	43	对策	27	2
19	食品企业	48	1	44	食品安全信息	27	3
20	信息不对称	48	1	45	食品监管	27	3
21	风险交流	46	1	46	风险	25	2
22	食品安全风险	45	2	47	公众参与	24	2
23	农产品	44	2	48	风险管理	24	1
24	《食品安全法》	42	2	49	农药残留	24	2
25	卫生部	42	3	50	食源性疾病	24	1

3. 国际与国内前沿领域分析

利用 CiteSpace 的突现监测（burst detection）算法可以分析和掌握食品质量安全治理研究领域的动态与趋势。突现词比一般意义上的高频关键词更能够呈现该研究领域新的趋势与变化。图 1-4 显示了食品质量安全治理研究关键词共现网络中的突现词。图 1-4 中的左侧突现词为国际该研究领域排名前 40 位的突现词，右侧为国内该研究领域排名前 39 位的突现词。

关键词引用频次榜（前40）

关键词	年份	强度	开始年份	结束年份	2007~2020年
haccp system	2007	4.042 8	2008	2011	
consumer preference	2007	4.099 2	2008	2012	
developing country	2007	5.020 6	2008	2009	
critical control point	2007	10.052 8	2008	2012	
acccptability	2007	6.934 3	2008	2011	
consumer perception	2007	4.555 8	2008	2012	
hazard analysis	2007	6.399 3	2008	2011	
salmonella	2007	2.868	2008	2009	
market	2007	4.555 8	2008	2012	
haccp	2007	3.493 3	2008	2011	
food chain	2007	7.795	2008	2011	
beef	2007	5.245 4	2009	2014	
preference	2007	5.696 8	2009	2012	
food handler	2007	11.587 5	2010	2015	
safety	2007	5.831 8	2010	2011	
food security	2007	5.009 7	2010	2011	
hygicnc	2007	7.318 2	2010	2014	
expectation	2007	6.188 6	2011	2012	
microbiological quality	2007	5.749 6	2011	2013	
milk	2007	7.164 5	2012	2014	
outbreak	2007	8.301 5	2012	2014	
contamination	2007	7.447 8	2012	2016	
foodborne pathogen	2007	8.375 6	2012	2013	
meat	2007	5.769 2	2013	2017	
system	2007	4.916 3	2014	2015	
prevalence	2007	7.684 4	2014	2015	
implcmcntation	2007	7.274 5	2014	2015	
meat product	2007	11.151 5	2015	2017	
acceptance	2007	5.006 4	2015	2016	
model	2007	5.793 6	2015	2016	
risk assessment	2007	4.807 2	2015	2018	
fruit	2007	5.592 1	2015	2016	
staphylococcus aureus	2007	11.249 2	2016	2017	
food safety knowledge	2007	4.679	2016	2017	
supply chain	2007	10.227 4	2016	2018	
escherichia coli	2007	6.178	2016	2017	
vegetable	2007	6.827 4	2017	2018	
united states	2007	11.713 2	2017	2018	
identification	2007	12.583 2	2018	2020	
willingness to pay	2007	10.126 2	2018	2020	

（a）国际

关键词引用频次榜（前39）

关键词	年份	强度	开始年份	结束年份	2006~2020年
haccp	2006	5.415 6	2006	2008	
食品质量安全	2006	6.535 9	2007	2012	
食品召回	2006	3.106 4	2007	2008	
食品	2006	7.712 3	2007	2012	
农产品	2006	3.071	2007	2010	
对策	2006	6.211 4	2007	2009	
监管体制	2006	3.381 4	2007	2009	
信息不对称	2006	4.158 7	2007	2010	
欧盟	2006	6.606 1	2008	2009	
可追溯系统	2006	4.619 3	2009	2010	
食品供应链	2006	3.167 9	2009	2010	
监管	2006	2.897 6	2009	2010	
《食品安全法》	2006	6.715 6	2009	2010	
三鹿奶粉事件	2006	5.778 7	2009	2010	
食品安全法	2006	8.171 3	2009	2010	
卫生部	2006	16.794 6	2010	2012	
食品安全国家标准	2006	5.846	2010	2012	
食品安全风险评估	2006	7.656 6	2010	2012	
食品安全问题	2006	10.342 5	2011	2013	
食品添加剂	2006	9.955 1	2011	2013	
企业社会责任	2006	6.712 8	2012	2013	
食品安全局	2006	6.386 4	2012	2013	
国家食品安全风险评估中心	2006	7.195 1	2012	2013	
支付意愿	2006	8.300 3	2013	2015	
食品企业	2006	6.589 6	2013	2015	
食品安全犯罪	2006	7.796 4	2013	2015	
食品安全风险	2006	5.175 8	2013	2016	
风险交流	2006	4.584 7	2014	2018	
中国食品科学技术学会	2006	6.399 9	2014	2015	
社会共治	2006	13.316 3	2015	2020	
转基因食品	2006	6.671 9	2015	2016	
食品安全事件	2006	3.521 6	2015	2016	
食品安全治理	2006	5.902 8	2016	2020	
演化博弈	2006	3.997 7	2016	2018	
国家食品药品监督管理总局	2006	4.786 7	2016	2017	
政府监管	2006	5.174 1	2016	2018	
大数据	2006	8.942 3	2017	2020	
惩罚性赔偿	2006	6.385 7	2018	2020	
法律规制	2006	4.109 2	2018	2020	

（b）国内

图 1-4 食品质量安全治理研究关键词共现网络中的突现词

在国际食品质量安全治理研究领域的突现词中，beef、food handler 两个词的突现时间较早，且持续时间长；突现强度大于 10 词的共有 8 个，分别是 identification、united states、food handler、staphylococcus aureus、meat product、supply chain、willingness to pay、critical control point，这些词代表了2008~2020年国际食品质量安全治理研究领域最关注的主题，包括风险识别、肉制品及病源性检测、消费者支付意愿、食品供应链的监管等；staphylococcus aureus、food safety knowledge、supply chain、escherichia coli、vegetable、united states、identification、willingness to pay是新出现的突现词，这些词代表了国际该研究领域的发展方向与趋势。

在国内食品质量安全治理研究领域的突现词中，“食品质量安全”一词是出现最早，突现持续时间最长的词，该词最早突现于2007年，持续5年时间；突现强度排名前 8 位的词有卫生部、社会共治、食品安全问题、食品添加剂、大数据、支付意愿、食品安全法、食品安全犯罪；食品安全治理、演化博弈、国家食品药品监督管理总局、政府监管、大数据、惩罚性赔偿、法律规制等是近几年国内该研究领域新出现的突现词，显示我国食品质量安全治理正由政府主导的行政监管逐渐转向在法治和社会治理框架下的监管，且大数据正在成为国内食品质量安全治理研究领域的新热点。

4. *研究结论与趋势*

用可视化的文献计量分析软件 VOSviewer 和 CiteSpace，分别对 Web of Science数据库核心合集、CSCD和CSSCI收录的食品质量安全治理研究领域文献进行分析，绘制了国内外该研究领域的知识图谱。研究显示，中国在国际食品质量安全治理研究领域高质量期刊的发文量已居于前列，发文量仅次于美国，且保持稳定、快速的增长趋势。在研究热点方面，国际食品质量安全研究聚焦于食源性病原体检测与危害防治、食品质量安全风险因素及其治理、食品质量安全教育与风险感知及评估等研究主题，主要关注食品质量安全治理中的病原体检测、消费者行为与意识、安全知识水平与教育及风险评估等重要问题；国内该领域的研究则更加聚焦于供应链视角下的食品质量安全治理与消费、食品质量安全治理标准与立法、食品质量安全风险评估与社会共治等主题，与该领域的国际研究相比，国内更加关注食品供应链、消费者、立法规制及监管治理等研究问题。从研究趋势来看，国际食品质量安全治理研究领域对食源性危害的防治、食品供应链的监管、消费者支付意愿及监管人员安全知识水平的研究仍然是其研究的主要方向与趋势；国内该研究领域则越来越关注在法治和社会治理框架下对食品质量安全治理问题进行研究，并注重以大数据技术作为治理的手段。具体来看，国内外食品质量安全治理研究领域呈现出以下三个趋势。

（1）食品质量安全风险识别与治理由单一环节和问题逐渐转变到对整个食品供应链和源头的治理。食品质量安全风险存在于食品的原料种植、加工、运输、销售等食品供应链的各个环节，对各环节上存在的食品质量安全风险进行严格把控，能够追溯食品危害的源头，这是当前食品质量安全治理的重要研究问题。国际上在解决这个问题时，通常会对食源性病原体进行检测，在农产品种植及食品生产、加工和销售等环节追溯带有致病细菌的污染源，进而采取有针对性的防治措施，如定期进行致病微生物检测、保持良好的卫生环境、对食品进行加热和消毒、加强健康教育培训、建立食源性疾病追溯系统等，这些防治措施覆盖面广、涉及的主体广泛且更加强调溯源性，使监管与危害防治不再拘泥于单一环节或问题。国内在解决该问题时也注重从食品供应链的角度对政府、食品生产商、原料供应商等不同主体的责任及其监管行为，以及消费者对食品安全的信任度、风险感知和购买意愿等进行研究。与国际上解决该问题的思路不同，国内更多的是对各监管主体的责任和消费者态度与支付意愿等进行博弈分析，而较少基于对食品生产、加工和销售等特定环节上的检测数据或调查数据的分析，进行食品质量安全风险识别与防治。近几年，国内也有越来越多的学者利用各年度的食品安全事件数据、检测机构提供的数据及对企业的调查数据，识别和评估食品质量安全风险，以此提出相应的治理措施，这也是国内该研究领域的重要趋势之一，但相关研究仍强调食品安全风险评估和治理的全面性与溯源性。

（2）食品质量安全治理研究的主体对象由政府逐渐拓展到消费者及相关企业与社会组织。通过比较国内外食品质量安全治理方面的研究可以发现，国际上该研究领域更加关注消费者和企业视角的食品质量安全治理，而国内则更加关注政府层面的制度约束与检测标准制定。国内食品质量安全治理研究范畴较广，既涉及食品安全社会共识、犯罪与法治及信息公开等方面的研究，也涉及消费者行为研究，但以政府、企业及平台等组织机构为对象研究监管体制、监管模式和策略及食品质量安全标准的研究居多，且研究偏向宏观层面，而从消费者视角研究监管效果评估、食品安全信任度及公共政策制定与决策等的研究相对较少，缺乏微观层面的研究。在食品质量安全社会共治的众多利益相关者中，消费者的态度、需求及其行为较少受到关注。从国际上该领域的研究来看，消费者及其相关的企业、社会组织是食品质量安全治理研究的主要对象和出发点，提升消费者的食品质量安全意识、满意度，引导消费者的行为选择，建立企业内部的食品质量安全监管体系，加强对食品管理者的食品安全知识教育，都是确保食品质量安全的途径，而对政府监管则较少研究。该领域学者普遍认为，食品质量安全治理不能只靠政府监管及其制度约束，同时也要重视消费者和企业的作用，通过社会监管降低监管成本、提升监管效果（Chen et al.，2018；Song et al.，2018；Zhang et al.，2018；Yang et al.，2019）。

（3）食品质量安全治理解决方案、相关理论研究与技术手段的结合日益紧密。新技术催生了新媒体，而新媒体既能够使食品质量安全治理的信息传播更加透明、公开和及时，也能够传播虚假信息影响监管部门和消费者对食品质量安全状况的判断，加剧人们对食品质量安全的焦虑情绪，对食品质量安全治理产生不利影响。与此同时，将区块链、大数据、云计算、物联网等新技术应用于食品质量安全治理，建立食品安全风险的可追溯信息系统，可实现智慧监管和多主体的协同监管。依托新技术建立起来的这些食品可追溯信息系统，不仅可以大幅减少问题食品，提升食品可追溯性协作的效率，还可以极大地降低食品可追溯系统的建设成本，为供应链上的信息验证及各主体的合作参与监管，增加食品信息的透明度都创造了有利的条件。除此之外，新技术的应用还为食品质量安全的实时监控与快速预警提供了可能，尤其是在大数据支撑下还可根据食品企业生产与销售以外的人口、医院、交通等社会数据及来源于互联网的数据，对食品质量安全事件隐含的潜在风险进行评估和识别，实现对食品质量安全风险的精准预测和预警，从而为食品安全决策提供有力支持。

1.4.2 食品质量链研究现状与趋势

1. 数据来源与研究方法

本小节同样利用文献数据库的文献题录数据，对食品供应链质量安全研究现状与趋势进行分析。Web of Science 核心合集中的检索策略是，在主题字段将检索式设定为（Food quality OR Food safety OR Food security）and（supply chain*），时间范围为系统默认范围，可以检索到 3 250 条文献记录，将文献类型限定为“ARTICLE”，剩余 2 698 条记录，这些记录即国际食品供应链质量安全研究的数据集。CNKI 的检索策略与 1.4.1 小节类似，检索式为“SU=（食品+食物）AND SU=供应链 AND SU=（安全+质量+治理）”，共检索得到 874 条记录。经统计分析发现，国际食品供应链质量安全研究文献数量的增长趋势明显要强于国内，自 2014 年以来，国际上该研究领域文献数量持续增长，而国内文献数量则呈下降趋势（图 1-5）。

2. 国际研究主题分析

从国际食品供应链质量安全研究文献中共提取了 11 160 个关键词，频次在 5 次以上的关键词共有 902 个，通过 VOSviewer 软件的关键词聚类功能大致可获得以下聚类（图 1-6）：食品与农作物的质量安全评估与控制；食品质量安全治理的政策、标准与策略；消费者与食品供应链中的质量安全；企业与食品供应

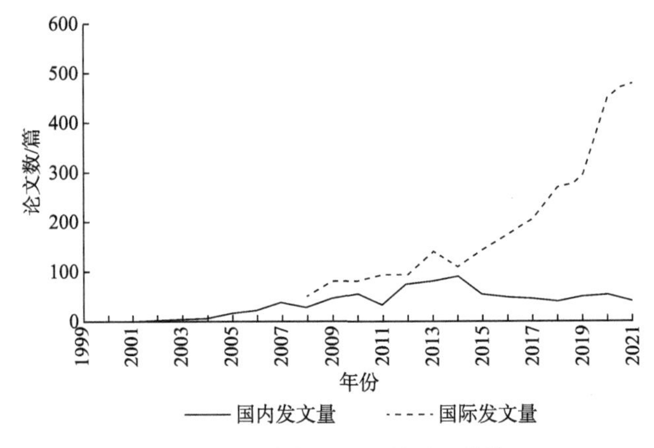

图 1-5 国内与国际文献增长趋势

链中的质量安全；食品质量安全与环境、可持续发展、循环经济等；食品供应链中的物流质量安全问题；物联网与区块链技术在食品供应链质量安全中的应用。

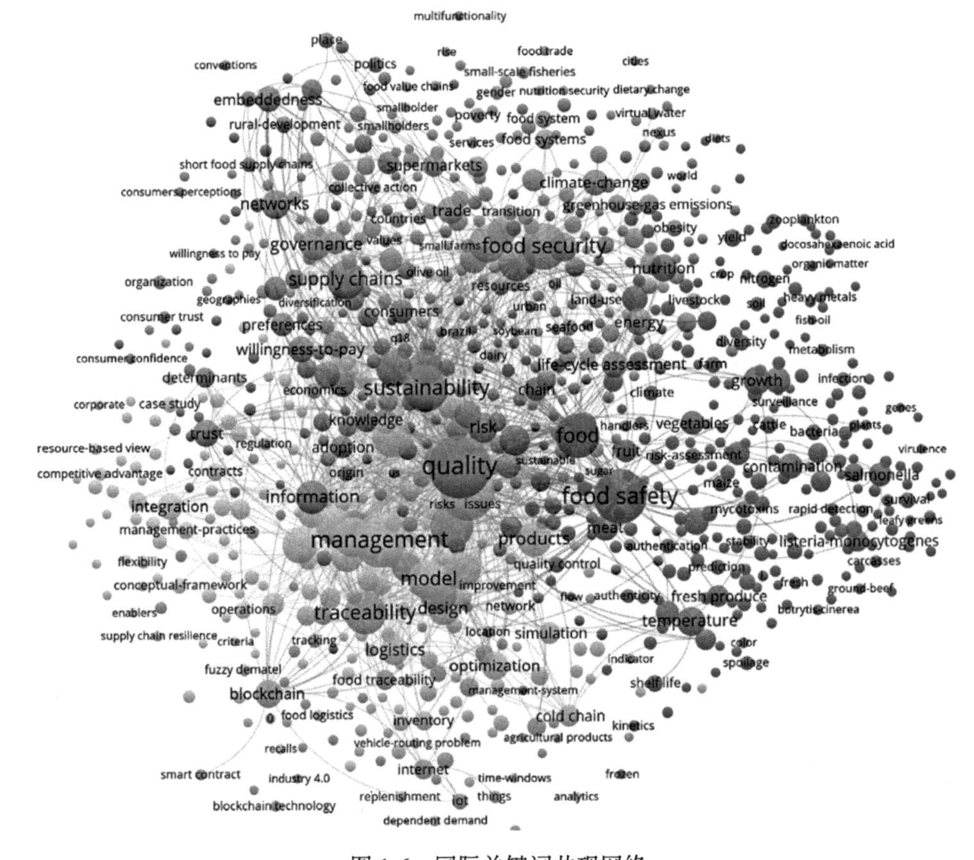

图 1-6 国际关键词共现网络

本节进一步对以上聚类进行合并，可得知国际食品供应链质量安全研究主要集中在以下几个主题。

一是食品供应链的质量安全评估与控制。除 food safety、food、quality 等与检索词直接相关的词外，与该主题密切相关的其他关键词还有 temperature、growth、nutrition、health、meat、water、identification、contamination、salmonella、vegetables、united-states、storage、fruit、fresh produce、listeria-monocytogenes、milk、shelf-life、outbreak 等。

该主题的研究一般借助于温度监测、微生物检测和食品化学成分分析等手段研究在农作物种植、收获、运输、存储以及食品加工与销售等各个食品供应链环节上存在的质量安全风险评估与控制问题。在食品进入生产加工阶段前，作为食品原料的农产品在种植、收获或屠宰等环节可能存在着被食源性和产毒病原体污染的风险，随着食品在供应链中的流动，食品生产加工早期的污染概率被放大，因此需要重点解决该阶段的食品质量安全危害问题。一项研究将微生物分析与食品供应链中鲜切农产品温度曲线进行结合，其研究结果显示，供应链中的小温度波动对需氧嗜温细菌的总水平影响很小，但受供应链温度波动影响的菊苣样品中的总大肠菌群和肠杆菌科水平显著更高（Rediers et al.，2009）。是否能够确保食品供应链持续符合食品安全法规和市场要求对新鲜农产品行业至关重要，而这种情况更易于出现在多个零售客户的高投入食品供应链之中。在德国发生的食品安全事件显示，有效的食品安全管理系统对确保产品安全和卫生至关重要，可以有效避免食品安全事件（Manning and Soon，2013）。中东地区的新鲜农产品在整个食物供应链上都存在污染风险，该地区的卫生农业部门在农产品收获环节中对粪便处理不当，存在着洗涤水不规范使用、运输和储存条件不当以及交叉污染的风险，应制定严格的水源安全监测政策，并在初级生产阶段、洗涤、运输和储存中执行严格规范，包括良好农业规范（good agricultural practice，GAP）和良好卫生规范（good hygiene practice，GHP）（Faour-Klingbeil et al.，2016）。在世界的其他许多地方，新鲜蔬菜、冷藏食品等也越来越被认为是食源性疾病暴发的主要来源。例如，在荷兰，通过构建二阶蒙特卡罗风险评估模型对食用绿叶蔬菜引起的微生物感染进行定量的风险评估，揭示了年度平均病例数与食用绿叶蔬菜微生物病菌含量水平的关系，可据此评估新鲜叶类蔬菜供应链中的病原体生长风险（Franz，2010）；在比利时，针对超市冷藏食品在设定保质期内微生物含量的测试结果显示，单核细胞增生李斯特菌在设定的保质期内具有巨大的生长潜力（在 4℃、7℃和 10℃时分别平均为+1.0 log CFU/g、+2.0 log CFU/g 和+4.0 log CFU/g），该结果表明“最佳食用日期”的设置是不恰当的，因此应当制定更加严格的保质期标签使用和验证准则（Ceuppens et al.，2016）。

二是食品供应链质量安全治理的政策、标准与策略。除 food security 外，与该主题密切相关的其他关键词有 agriculture、governance、covid-19、policy、trade、standards、strategies、farmers、certification、resilience、supermarkets、fish、africa、food systems、value chain、aquaculture、food supply chains、environment、globalization、markets、private standards、fisheries、food system、vulnerability、value chains 等。

该主题主要研究各国针对食品供应链质量安全治理所制定的政策、标准与策略的具体内容及其在实践中的效果和不足等。中国有机食品供应链治理面临的挑战主要来源于食品生产与加工机构存在着社会信任危机和信息不对称问题，来自原料奶生产和加工的案例实践显示，产品信息的不对称以及对确保有机食品完整性的严格要求使有机牛奶价值链成为高度集成的组织模式，而紧密的价值链在第三方认证（third-party certification，TPC）下比松散的价值链更易于实现有效的有机食品供应链治理（Zhao et al.，2019）。解决食品安全问题的最佳方法是基于风险的从农场到餐桌的方法，重点是具有成本效益的预防。实践表明，发展中国家在制定了市场激励措施且市场机构愿意遵循相关规范的情况下，解决食品安全问题的可能性更大，这要求公共治理措施应侧重于风险和成本效益控制，支持风险防控能力的提升和供应链协调，并改善食品安全管理激励措施（Unnevehr，2015）。研究显示，食品安全标准和第三方认证体系是企业控制食品生产实践中的安全风险的重要手段，但将食品安全标准纳入发展项目会导致食品安全和可持续性混为一谈，导致难以确定食品安全标准在农业生态过程中是否发挥作用，因此食品安全标准应在具体实践中满足可持续性的要求（Bloom，2015）。许多文献通过问卷调查、内容分析与专家访谈等方式调查了专家、经营者、农户、消费者对食品系统与供应链质量安全的看法，旨在了解食品供应链现行治理措施的有效性及其存在的问题。例如，一项针对为中国零售店和连锁店供货的 355 名苹果种植者的调查显示，农场基地和农业综合企业的认证计划并未明显提高苹果种植者的病虫害管理知识，这也使得通过标准管理中国农业食品系统的基本观念和伦理受到了质疑（Ding et al.，2019）；内容分析结果显示，阿拉伯联合酋长国（United Arab Emirates，UAE）拥有世界上最苛刻和多样化的清真食品供应链系统，但该国的食品供应链在非统一的全球认证标准平衡互操作性问题方面面临着挑战，客户对清真标准的信心也随之变化（Randeree，2019）；一项针对新鲜农产品供应链专家的访谈结果显示，全球范围内南方国家/地区与北方国家/地区的食品标准在支持食品生产者经营方面发挥着不同的作用，政府和生产者合作社或贸易协会在食品标准的实施和认证方面对生产者的技术援助和支持是至关重要的（Jacxsens et al.，2015）。

三是利益相关者与食品供应链的质量安全。除 quality、supply chains 等词外，与该主题密切相关的其他关键词还有 management、sustainability、model、performance、framework、consumption、security、information、industry、networks、food industry、trust、china、energy、willingness-to-pay、life-cycle assessment、perceptions、integration、climate-change、embeddedness、waste、attitudes、innovation、behavior、consumers、preferences、market、consumer 等。

该主题主要研究消费者、企业及农户等食品供应链利益相关者对该链条中质量安全的看法与态度，包括对食品质量安全的信心、风险感知、偏好与行为以及食品质量安全意识与知识水平等。采用可追溯系统、实施从“农场到餐桌”追踪食品的监管体系已被食品行业和政府视为恢复和增加消费者对食品安全信心的重要工具。一项针对 489 名澳大利亚消费者的调查显示，消费者对食物可追溯系统的理解和信心强烈预测了他们为追踪食物而支付的意愿（willing to pay，WTP），要使消费者对食品追溯系统产生更强的信任感，需要进一步告知消费者该系统如何运作（Zhang et al.，2020）。澳大利亚消费者对食品供应链各个成员的信任程度存在差异，认为澳大利亚生产商在生产更安全的蔬菜方面更值得信赖，而信任度最低的是进口蔬菜（Ariyawardana et al.，2017）。此外，许多文献还研究了中国消费者对食品供应链质量安全的看法与态度。针对中国三个城市（北京、广州和成都）的 350 名欧洲婴儿配方奶粉消费者的在线选择实验结果显示，中国消费者愿意为奶粉的真实性保证支付高价，这表明了政策制定者和婴儿配方奶粉行业应继续完善质量控制体系，以增加消费者对食品价值链的信任（El Benni et al.，2019）。另一个针对中国不同地区的 61 名参与者的调查显示，食品安全事件的频发会促使消费者降低对食品安全的信心，并更加关注媒体（包括社交媒体）上有关食品安全事件的新闻，消费者对可追溯的乳制品并不是很了解，且对追溯信息的真实性也存在质疑（Maitiniyazi and Canavari，2020）。中国消费者对保证食品安全属性的认证存在不确定性，并持怀疑态度，对于动物性产品尤其不信任，研究认为政策制定者可通过针对不同类别（如蔬菜、肉类等）的食品设计差异化的监管政策（Moruzzo et al.，2020）。在撒哈拉以南非洲（Sub-Saharan Africa，SSA），要建立有效的质量保证机制扩大 SSA 的食品供应链面临着采购、市场规模和消费者信任三个方面的挑战，应实施高级别的食品质量安全保障机制分配资源，以协调利益相关者的行动（Clark and Hobbs，2018）。运用区块链技术建立基于区块链和物联网的框架，可以更好地规范和监控加工家禽食品供应链行业的运作，并提高交付给最终消费者的食品安全性和质量（Majdalawieh et al.，2021）。

四是食品供应链物流环节中的质量安全问题。除 supply chain、safety、food

supply chain 等词外，与该主题密切相关的其他关键词还有 traceability、system、products、design、logistics、challenges、optimization、blockchain、technology、demand、cold chain、simulation、models、decision-making、coordination、food traceability、internet、inventory、rfid、traceability system、big data、time、transparency、perishable products、benefits、policies、price、transportation、cost 等。

由食品污染和质量控制不力造成的食品浪费是食品管理面临的重大挑战。供应链追溯已成为食品行业保障食品质量安全、减少食品浪费的一项重要任务。射频识别（radio frequency identification，RFID）已成为开发可追溯系统的领先技术，其可自动捕获供应链中的食品信息。由追溯系统支持的动态定价政策可以显著减少食物浪费并提高零售商的绩效（Zhu，2017）。RFID 部署于食品供应链之上，可以持续监控对食品质量和安全至关重要的参数，从而提供实时食品质量数据（Zhu and Lee，2018）。食品供应链的追溯性支持工具可以集成和对比来自不同来源的数据，并量化操作对食品产品的影响，从而有助于数据驱动的决策（Gallo et al.，2021）。将物联网技术与机器学习技术进行结合，共同用于建立食品追溯系统，既可以跟踪和追溯食品，也可测量储存和运输过程中的温度和湿度，再将机器学习模型集成到 RFID 接口识别带标签产品，可以极大地提高追溯系统的效率（Alfian et al.，2020）。基于大数据、人工智能和物联网的食品安全追溯系统研究，为解决传统追溯系统应用中可信度低、数据存储难等问题提供了新的思路和方法。Shahbazi 和 Byun（2021）提出了一种基于区块链机器学习的食品追溯系统（blockchain machine learning food traceability system，BMLFTS）。该系统结合区块链的新扩展及机器学习（machine leaning，ML）技术和基于货架期管理系统的模糊逻辑追溯系统，可用于解决轻量化、蒸发、仓库交易或运输时间问题，并在供应链中使用可靠和准确的数据来延长保质期。然而，通过物联网收集到的数据可能会被攻击者篡改，从而影响食品产品的质量，因此需要建立基于物联网的安全监控和报告系统，以确保在没有任何人为干预的情况下以运输为重点保障食品质量和供应链管理（Bhutta and Ahmad，2021）。此外，商用可追溯系统通常既不涵盖整个供应链，也不依赖于公开透明的互操作性标准，因此需要建立用户友好的开放式追溯系统，以开发食品追溯和物流集成解决方案，并重点实现互操作性和数据共享两个方面的功能，从而便于监控整个食品供应链中的质量安全（Tagarakis et al.，2021）。国际高频关键词如表 1-4 所示。

表 1-4 国际高频关键词

序号	关键词	频次	聚类	序号	关键词	频次	聚类
1	quality	476	3	21	products	117	6
2	management	336	4	22	security	114	5
3	food safety	326	1	23	information	99	3
4	supply chain	325	6	24	governance	96	2
5	food security	231	2	25	industry	96	4
6	sustainability	230	5	26	design	88	6
7	food	207	1	27	food waste	85	8
8	traceability	192	7	28	risk	85	8
9	safety	187	7	29	covid-19	79	2
10	model	165	4	30	temperature	73	1
11	impact	162	4	31	networks	72	3
12	performance	154	4	32	logistics	72	6
13	supply chains	148	3	33	challenges	71	7
14	framework	138	4	34	impacts	70	5
15	agriculture	136	2	35	optimization	69	6
16	consumption	135	5	36	food industry	67	4
17	food supply chain	133	6	37	blockchain	66	7
18	systems	129	3	38	growth	65	1
19	system	128	7	39	trust	64	3
20	supply chain management	125	4	40	china	64	5

3. 国内研究主题分析

从国内食品供应链质量安全研究文献中共提取了 1 568 个关键词，频次在两次以上的关键词共有 311 个，这些关键词也通过 VOSviewer 软件的关键词聚类功能实现了聚类（图 1-7）。

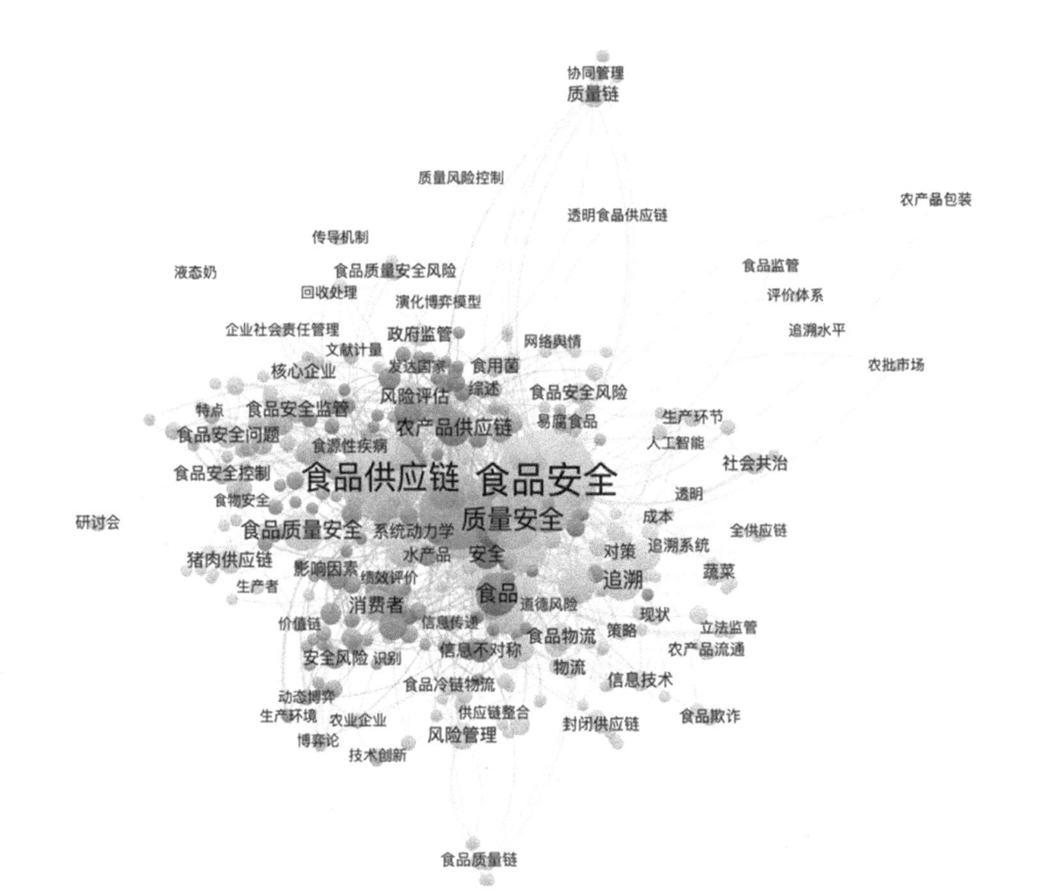

图 1-7　国内关键词共现网络

国内食品供应链质量安全研究文献大致可以分为两大主题。

一是食品供应链质量安全风险识别与可追溯性研究。除食品安全、质量安全、安全、食品等与检索词直接相关的词外，其他出现频次比较高的词还有食品质量链、追溯系统、追溯、生产环节、社会共治、人工智能、全供应链、成本、蔬菜、农产品流通、封闭供应链、食品物流、道德风险、食品冷链物流、信息不对称、供应链整合、风险管理、消费者、安全风险、价值链、动态博弈、生产环境等。

该主题研究食品供应链的质量安全风险识别与管理和可追溯性等问题。食品供应链质量安全风险因素主要来源于三个方面，分别是供应链主体信息的不对称性、供应链物流环节管理不善及监管行为和法律法规欠缺。信息对供应链管理起到了重要作用，信息共享是否顺畅是决定供应链成功与否的关键因素之一（曾敏刚和吴倩倩，2013）。在食品供应链伙伴之间形成关系承诺时，信息共享水平就会相应地提升，而食品安全就是食品供应链企业之间产生信任的重要基础。在信息不对称的情况下，食品供应链上企业的信息成本将会大增（热比亚·吐尔逊等，2016）。一项研究显示，消费者需求和自身条件不同，其关注的信息也存在差异，价值是其消费行为的主因，食品销售商可通过调整食品价格诱使消费者选择问题食品，从而导致食品质量安全问题（韩杨等，2014）。因此，信息不对称、信息共享渠道不顺畅会降低食品供应链效率和增加食品质量安全风险。食品供应链的物流环节管理不善或中间环节过多，也会增加食品质量安全风险，而推动物流信息化则可以提升食品物流管理的能力，从而降低该风险（李琳和范体军，2014）。此外，食品供应链的利益相关者，如消费者、食品企业员工、商业伙伴、政府、社区和环境都与食品质量安全风险的防范有很大关系，各个利益相关者都应在食品供应链质量安全监管过程中发挥自身的作用，包括政府监管职能履行、公民权利的行使、政府信息公开制度的建立和完善、政策法规的完善等（江保国，2014）。此外，建立可追溯的食品供应链体系也日益成为降低食品质量安全风险的重要途径，可以极大地减少食品供应链中的信息不确定性。与此相关的研究主要集中在食品追溯系统、可追溯生产、可追溯性和可追溯体系与制度等方面。张肇中和张莹（2018）通过对包括消费者与上下游企业的食品供应链模型进行理论与仿真模拟分析发现，对违法企业进行追责的事后监管需要与可追溯体系相互配合，而可追溯体系的关键是其完整性。随着物联网、区块链技术在食品供应链管理中的应用，可追溯体系建设取得了新的进展。物联网加区块链的食品安全追溯原型系统技术方案可以提高食品供应链效率和透明度，重建消费者对食品行业的信心（曾小青等，2018）。实际上，我国食品质量安全可追溯体系已经推行了近 20 年，但该体系在运行过程中也存在着一些问题。例如，猪肉质量安全可追溯体系存在运行成本高、社会信任度低、监管难到位等问题，还需要在加强政府支持力度、提高产业规模化水平、强化监管能力建设、提高经营者参与意愿等方面进行改进（李玉红等，2019）。

二是食品供应链质量安全控制与监管机制研究。除食品供应链、食品质量安全等关键词外，其他频次较高的词还有质量链、协同管理、质量风险控制、透明食品供应链、传导机制、食品质量安全风险、演化博弈模型、政府监管、网络舆情、风险评估、企业社会责任管理、核心企业、食品安全监管、食源性疾病、食品安全控制、食物安全、猪肉供应链、系统动力学等。

该主题研究食品供应链的质量安全风险监管、优化与控制等相关问题。国内学者在研究该问题时通常会运用博弈论的理论与方法对政府、消费者和食品企业等利益相关者之间的关系进行建模，再通过模拟仿真等方法求解模型的参数，以寻找解决食品供应链的质量安全风险控制问题的办法与对策。例如，晚春东等（2017）利用博弈论方法，通过引入消费替代参数构建了食品生产商和消费者之间的动态博弈模型；张国兴等（2015）以演化博弈模型为基础，着重分析了以新闻媒体等作为主要参与者的第三方监管对政府监管部门与食品企业的影响机理；费威（2016）利用声誉机制和规制理论，分析了品牌企业基于自身声誉做出的关于食品安全的生产检测等控制决策；晚春东等（2018）引入有效抽检率，构建了供应链视角下的食品原材料供应商和食品生产商之间的动态演化博弈模型，揭示了政府监管部门可能对食品供应链各利益相关方实施监管的不同概率下的食品质量安全风险情况，据此提出了控制食品供应链质量安全风险的建议。除利用实证方法研究食品供应链的质量安全风险控制问题外，还有文献介绍了国际上食品质量安全风险控制的实践经验。例如，张蓓和赖恒坚（2020）总结了国际上临期食品质量安全风险控制的主要模式，包括临期食品专柜折扣促销、专业门店销售、公益捐献惠民、绿色环保处理等，认为国际上在四个方面的临期食品质量安全风险控制经验值得借鉴，即市场机制与政府职能的协同作用，多方参与形成社会共治格局，供应链生产流通消费环节均衡协调，经济效益、社会效益与环境效益最优。国内部分学者还结合国内食品供应链管理的实际提出了食品质量安全控制的策略。例如，生吉萍等（2020）根据风险发生的概率范围和风险严重程度建立了风险矩阵确定食品流通领域的风险等级，并按照高、中、低的顺序给出了针对性风险控制措施建议；郑堂明（2019）以网购食用菌食品为例，从供应链视角采用改进风险矩阵法分析了网购食用菌食品质量安全的关键控制点，并提出了保证网购食用菌食品质量安全的控制措施；宋宝娥（2018）以超市乳制品冷链为例，通过对乳制品在储藏过程中设备温度的监控和记录，运用控制图原理，绘制了乳制品储藏温度的均值-标准差控制图。国内高频关键词如表 1-5 所示。

表 1-5 国内高频关键词

序号	关键词	频次	聚类	序号	关键词	频次	聚类
1	食品安全	238	22	11	乳制品	24	21
2	食品供应链	149	23	12	供应链管理	24	21
3	供应链	118	7	13	物联网	23	14
4	质量安全	63	15	14	农产品供应链	22	3
5	农产品	48	13	15	冷链物流	18	12
6	食品	31	1	16	超市	16	3
7	追溯	28	15	17	区块链	16	13
8	可追溯系统	27	1	18	消费者	16	17
9	可追溯体系	26	6	19	猪肉	14	1
10	食品质量安全	26	20	20	安全	13	1

续表

序号	关键词	频次	聚类	序号	关键词	频次	聚类
21	生鲜农产品	13	7	31	猪肉供应链	10	20
22	风险评估	12	4	32	食品安全监管	9	4
23	演化博弈	12	8	33	食品安全管理体系	9	9
24	食品物流	12	12	34	生鲜食品	9	14
25	可追溯性	11	3	35	质量链	9	25
26	风险管理	11	19	36	信息不对称	8	1
27	关键控制点	10	4	37	影响因素	8	5
28	可追溯	10	6	38	追溯体系	8	6
29	食品安全问题	10	11	39	核心企业	8	11
30	监管	10	18	40	风险控制	8	11

4. 研究结论与趋势

本节运用文献计量软件对国内外食品供应链质量安全治理研究的相关文献进行了分析，通过构建关键词共现网络实现了研究主题的聚类。研究显示，国际上该领域的研究主要集中在食品供应链的质量安全评估与控制，食品供应链质量安全治理的政策、标准与策略，利益相关者与食品供应链的质量安全，以及食品供应链物流环节中的质量安全问题四个方面。国内该领域的研究则主要集中在食品供应链质量安全风险识别与可追溯性研究、食品供应链质量安全控制与监管机制研究两个方面。可以看出，国内外在食品供应链质量安全治理研究主题上是高度相似的，均研究了食品供应链质量安全风险评估与控制、食品可追溯性方面的主题，但国际上对于食品消费者与企业的关注更多，且更加关注已出台食品供应链质量安全治理措施的实效性研究。具体来看，国内食品供应链质量安全治理呈现出以下两个方面的研究趋势。

（1）物联网和区块链等新技术在食品供应链中的应用研究日益成熟，食品可追溯体系相关理论与实践得到有效推进。在供应链视角下对食品质量安全问题进行全程追踪是近年来国家倡导以风险防控和过程管理为基本思想的食品质量安全治理战略实施首先要解决的问题。为更加有效地解决该问题，新技术不断被运用于食品供应链的质量安全监管之中。国内外对物联网、机器学习和区块链等技术在食品供应链质量安全治理中应用的优势及其对建立和完善食品可追溯体系的作用都进行了大量研究，实践已经证明，这些技术的应用可以极大地提升食品追溯系统的效率和消费者对食品质量安全的信心。在这些技术的推动下，食品追溯和物流管理也有了新的解决方案，推动了相关理论与实践的创新与发展。

（2）食品供应链质量安全风险评估与控制研究模式逐渐由基于仿真模拟的模型驱动研究转向以真实数据为基础的数据驱动研究。以往，学术界对食品供应链质量安全风险评估与控制进行的研究主要借助于问卷访谈和仿真模拟等手段实现，所获得的结论通常只适用于小范围的食品质量安全治理情景或治理现状与问题的宏观分析，而无法得出食品供应链全过程的分析结果。近年来，随着物联网和区块链技术在食品供应链质量安全治理中的应用，大量食品质量安全监管过程数据被不断记录和积累，这使得食品质量安全治理数据产生了大爆发，这在很大程度上推动了食品供应链质量安全风险评估与控制研究模式的转变与创新。许多研究利用食品供应链的大数据对食品质量安全风险进行评估和预测，建立起了更有效的食品追溯系统，这也标志着该领域的研究模式正在由模型驱动逐渐转向数据驱动。

第2章　质量链协同视角下的食品安全控制与治理

2.1　食品质量演变的复杂系统特征分析

从食品质量链的视角来看，食品质量演变具有以下几个方面的特征。

1. 多主体性

食品质量的演变是指食品全生命周期中的各个质量环节在内外部影响要素的共同作用下，食品质量特征在食品质量链上产生、传递和累积的过程。食品质量特征可以从感官质量、理化质量和生化质量三个方面进行量化。感官质量是人的感官能够识别到的食品属性，如尺寸、重量、质地、口味等。理化质量和生化质量属于隐藏的食品属性，需要设备或仪器来测量，如食品的安全性、营养价值等（Chen et al.，2014）。内外部影响要素可以从人、机、料、法、环五个方面来细分，构建食品质量演变的影响要素体系（王海燕等，2017）。不同生命周期质量环节的链接和要素与质量环节的链接是具有复杂系统特性的，使得整个食品质量的演变过程呈现网络状结构，最终导致食品生态系统呈现为一个多主体的复杂系统（王海燕等，2015）。多主体是指质量形成的影响要素具有多样性，而这些影响要素的实施载体也具有多样性，如可能来自不同的食品检测设备或食品加工车间。多主体性间接导致开放性。开放性是指影响要素的实施载体可能来自外部环境。从技术和方法层面来看，影响要素指标对应各种生命周期过程的加工技术和处理方法。当一个企业（或设备、车间）无法从内部实现所需的技术方法时，就需要寻求外部的合作。不同的内外部影响要素可以进行组合，从而呈现出不同的组合技术方法。这种多主体、开放式的食品质量演变系统导致了整个网络结构的复杂性。

2. 多阶段性

食品质量链各个质量环节的质量特征输出本身具有时变性。食品属于易腐品（perishable product），其时间敏感性的性质决定了在不同的时间阶段必然呈现出不同的质量状态。不仅如此，食品质量的影响要素的输入和选择机制具有动态性和时变性，从而使得受这些要素影响的各个质量环节的质量特征输出也表现出动态性。受到影响要素实施主体自身能力的约束，对影响要素有关的资源投入是有限的。人、机、料、法、环任何一个要素都需要消耗一定程度的时间、劳动力、物料、能源等资源，而这些资源受食品生态系统在一定时间阶段的自身性质，以及外部环境的承载力共同限制。食品生态系统的自身性质是指食品的成品和在制品都只有较短的使用寿命（Ala-Harja and Helo，2014）。为了维持食品在保鲜期内，需要同时满足及时性和低温环境这两个要求。外部环境的承载力则包括与食品质量影响要素有关的资源投入对企业外部环境的能力要求，以及对自然环境的影响阈值。面对受限的、时变的资源，影响要素的输入和选择需进行实时调整，以确保最优的质量特征产出。因此，整个食品生态系统呈现为一个多阶段的、动态优化的复杂系统。

3. 不确定性

在食品质量链上的各个质量环节的质量特征输出过程中，需要对包括感官、理化和生化质量在内的食品质量特征进行测量和评价。三种质量特征分别具有不同的子特征，不同的子特征又对应不同的衡量标准（包括定量指标和定性指标），它们共同构成多层级的食品质量测量指标体系（王海燕等，2017）。某些定性指标，特别是感官质量的定性指标，或是无法用精确的数据衡量，或是受较大的人为主观因素影响，表现出模糊性和随机性特点。一方面，食品质量特征的评价具有不确定性。质量的评价标准通常是离散的，如二元的（合格的、不合格的），或者多元的（合格品又可划分为不同的质量水平）。但是这种离散的评价标准的界限是模糊的。另一方面，与影响要素有关的资源投入也具有不确定性属性。因为资源的投入不一定能发挥作用，或者更准确地说，不一定能在指定的时间阶段内发挥作用。所以，本书认为，资源的投入对质量特征输出具有有限的效力：可能完全无效，可能部分有效，也有可能完全有效。由此可见，对于整个食品生态系统来说，资源的投入和质量特征输出都具有很大的不确定性。

2.2　食品安全问题属性及质量均衡状态分析

2.2.1　食品安全问题的外部性和信息不对称性

食品安全问题具有典型的外部性和信息不对称性，这也是食品安全问题的根源所在。

1. 外部性

外部性分为正外部性和负外部性。正外部性表现在正规厂商生产合乎标准的安全食品满足了消费者对食品营养、卫生、安全的需要。同时，由于正规厂商的安全食品对消费者传递的信息，可能使消费者认为所有食品都具有同样的质量安全水准，当消费者不能分辨安全食品和伪劣食品时（食品安全质量属性具有强隐蔽性），就可能支付同样的价格购买非正规厂商生产的劣质食品，结果给非正规厂商带来了收益。然而，正规厂商不能因为正外部性得到相应补偿，其提供安全食品的边际成本大于边际收益，其持续改进食品质量安全的积极性受到抑制。负外部性表现在非正规厂商生产的不安全食品损害了消费者的身心健康，同时，不安全的劣质食品导致消费者认为市场上的食品可能都有问题。当消费者无法区分哪些食品合乎标准要求时，混乱的食品安全信息使消费者采取措施抵制所有同类食品，从而导致正规厂商的优质安全食品遭受损失。非正规厂商不能因为负外部性产生的损害而付出相应的代价，其提供不安全食品的边际收益大于边际成本。

2. 信息不对称性

基于信息不对称理论，食品质量安全具有显著的“信任品”特性。从食品质量链的特点来看，各个环节之间均存在信息不对称性问题。一方面，食品质量链上的参与者本身对于产品特性的危害性不了解，这是由生产条件或发展水平决定的，具有较强的客观性。另一方面，参与者之间出于利益博弈等因素的考虑，相互之间给予的食品质量安全信息不完整。这主要是因为他们在食品链上的地位不同，掌握食品质量安全信息的优势不同，从而引起的信息不对称，人为主观性较强，特别是生产者和消费者之间的信息不对称最为突出。

总体来说，食品安全质量的外部性和信息不对称性加剧劣质食品驱逐优质食品，导致食品安全质量总体下降，引起市场的“逆向选择”，以致整个行业出现信誉危机，最终将极大地破坏市场秩序，导致市场失灵，甚至可能爆发恶性公共事件。从某种程度上来说，这也是食品质量链参与者机会主义行为产生的内在激励，是影响食品质量安全的内在原因。

2.2.2 食品质量链均衡条件

从食品质量市场均衡形成过程来看，消费者一般不了解食品生产过程和工艺，很难从其外观、广告信息或以往的购买经验来完全了解食品质量安全与质量隐患，甚至在食用之后也很难发现潜在问题，因而无法判断食品质量。当消费者购买商品后，发现食品质量安全水平没有达到期望值，甚至出现食品安全事故时，其效用水平会降低，对市场上整体食品质量安全水平产生不信任，在未来消费过程中，通常仅愿意根据市场上的平均质量水平支付商品价格（或者不购买同类产品，最终引发市场崩溃）。

由于高质量的产品生产成本高于平均成本，却只能得到按平均成本购买的平均收益，企业利润率下降，并逐步退出交易市场，而劣质产品获得超过生产成本的平均收益，劣质产品战胜优质产品，致使市场上的产品质量水平进一步下降，这样的市场均衡结果称为“柠檬市场”。这是目前食品安全问题频发的内在机制，并可以总结出质量均衡一般条件。

对消费者来说，在食品消费者都确切知道其质量链路质量状态（理想情况）并进行消费选择时，市场供需将会达到平衡状态，且在达到质量均衡状态时，对于每种所选择食品的质量感知成本最小，而没有被选择消费的食品的负期望效用大于或等于消费者对于该类食品的最低期望值。在信息不完备条件下，还可以理解为消费者选择某类食品的概率就是其估计效用在所有可选类别中负期望效用最小的概率。

对生产者来说，当食品生产者选择质量投入时，质量选择将达到平衡状态，且生产者所选择质量投入水平的期望收益最大（考虑消费者可接受质量水平和政府监管力度），在均衡状态时，没有生产者认为可以通过单方面改变质量投入决策获得更高收益，这实际上也是一个纳什均衡。

需要指出的是，当均衡达成时，并不意味着参与者将处于不动状态，其在具体行动过程中会达到一个连续动态均衡状态。也就是说，市场质量均衡状态将随着参与者连续的动作与反应逐步形成新的均衡状态，这个状态可能是质量水平提升方向，也可能是质量水平下降方向，这取决于质量链上参与方的行动策略。

2.3　食品安全质量链路与质量链复杂网络

2.3.1　基于复杂系统的食品安全质量链路模型

质量链不同于供应链，不仅包括信息流和价值流，更为关注的是质量流。传统的质量链仅从产品的生产过程、销售过程、运输过程等供应链角度来构建。食品安全作为质量链的关键质量属性，对于加工食品来说，其食品质量链是一个包括农产品原材料供应商（包括种植养殖户）、食品深加工生产商、食品分销商、食品销售商及终端消费者的开放的复杂系统，具有多源分散、环节多、链长等特点，如图 2-1 所示。

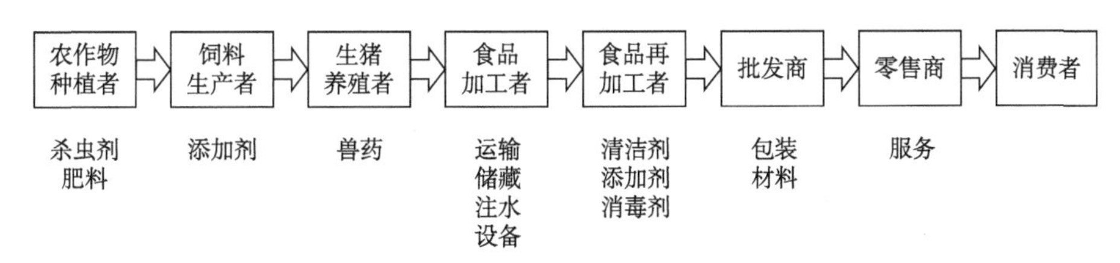

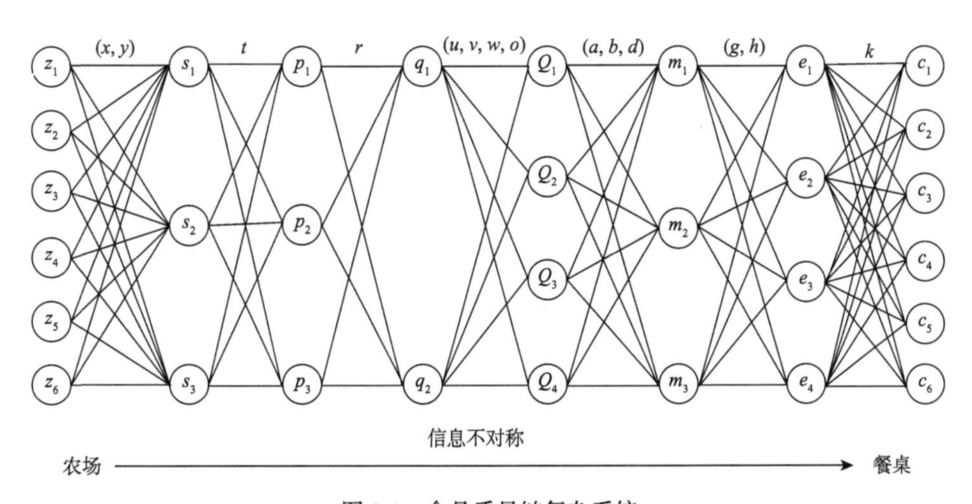

图 2-1　食品质量链复杂系统

本节提出以供应链为纽带，结合质量链理论重新构建食品安全广义质量链，食品质量控制具有显著网络性，是多组织和多要素相互作用的结果。通过对质量链上各节点的人力资源、机器设备、生产原料、工艺流程、环境状态、检测评估等质量静态结构特征参数和质量信息流通中的主从性、开放性、外部性等动态特征参数的评价和测度，利用过程网络分析和质量损益函数分析等方法，系统解析和定义质量链上的关键节点和关键路径。

在此基础上，构建基于质量形成过程、消费过程和监管过程的质量链信息组织结构模型，研究各个阶段不同的质量信息特征及食品质量链中质量信息的传递特征与机理，摸清质量信息在质量链上的传播机制及信息共享机制，帮助各主体选择更好的传递渠道，达到质量信息有效传递的目标。针对食品安全质量问题，运用该结构模型，能准确地解析信息组织的结构，清晰地表达信息源，描述质量信息的内容，反映质量信息的流动等。例如，是哪一个环节质量信息传递受阻还是必要质量信息的缺失问题等。

此外，由于食品质量信息本身具有结构复杂性，部分信息的专业性也使得链上非核心成员产生较大的认知障碍，本节还利用信息论知识分析链上各个参与者的质量信息需求特点、质量信息特性的重要程度及差异性、信息传递中的冗余信息剔除策略等，深入探析食品质量链信息组织、传递及识别的关键问题。

2.3.2 基于 GERT 和复杂网络双网整合的食品质量链

从本书 2.1 节描述食品质量演变的特征来看，食品生态系统呈现为一个多主体的、多阶段的、不确定的复杂系统，因此，食品质量链可以由一个食品质量影响要素作用下的具有实施主体能力约束的随机网络来表示。图形评审技术（graphical evaluation and review technique，GERT）方法是结合网络理论、控制理论、统计理论等理论的一种随机网络的表征和计算方法（Liu et al.，2017；Wang et al.，2011），其网络弧线的链接可以很好地表征食品质量环节的链接，从而形象地刻画食品质量的演变过程，网络弧线的随机参数可以很好地表征与食品质量影响要素有关的资源的输入及食品质量特征的输出（郭本海等，2019）。但是传统的 GERT 网络无法表征食品质量链的多阶段动态特征，不能显示食品质量影响要素的实施主体能力约束。本节提出一种基于 GERT 和复杂网络双网整合的食品质量链网络结构，增加考虑网络参数的动态特性和能力约束，将 GERT 方法和复杂网络进行技术方法集成。

以乳制品质量链（图 2-2）为例，改进的乳制品质量链网络具有一个双层级的网络结构，包括乳制品质量环节层和乳制品质量要素层。乳制品质量环节层对应乳制品的质量演变过程，由 GERT 来表示，所有的网络节点都是直接或间接地转换为具有“异或型输入”和“概率型输出”的节点，所有的网络弧线都有一组随机参数，用于表征质量特征的传递以及随之产生的资源消耗。定义环节层级上

有 m 个节点，每个节点的输出弧线上存在一组参数 $\left[p_m, t_m^{\xi}\right]$，其中 p_m 表示质量传递的效率，通常是离散型的随机变量；t_m^{ξ} 表示资源的消耗，通常是连续型的随机变量；ξ 表示资源的维度，对应诸如成本、时间、劳动力、物料、能源等不同类型的资源。

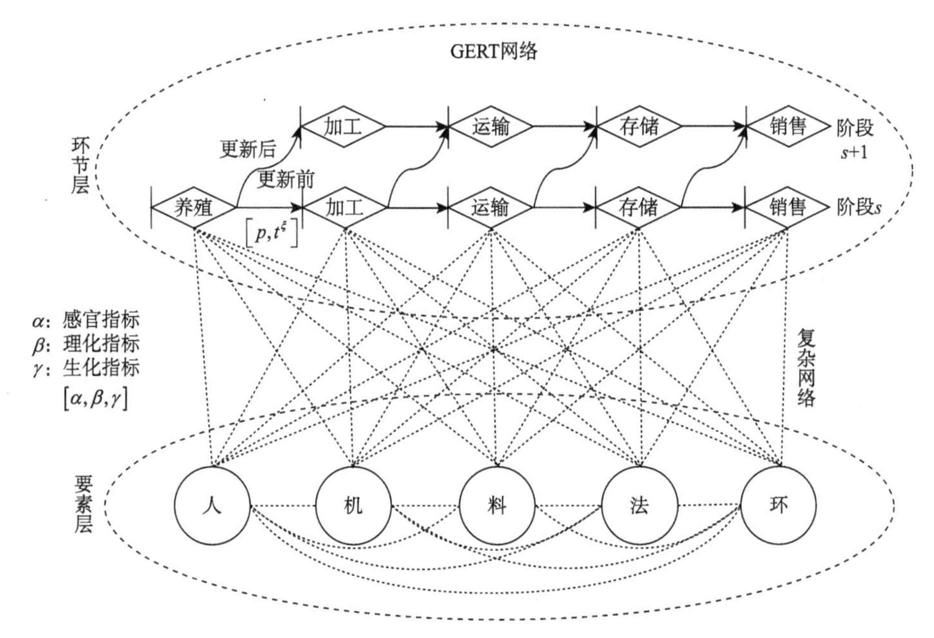

图 2-2　集成 GERT 网络和复杂网络的乳制品质量链

乳制品质量要素层对应影响乳制品质量演变的人员、机器设备、原料、生产加工、环境等要素。要素层级的节点连接及要素层级与环节层级之间的节点连接构成一个无向连通图，它是一个复杂网络。在复杂网络中，如果两个节点存在连通，即表示两个节点之间存在相关关系。其中，要素层级的节点连通表示人员、机器设备、原料、生产加工、环境等要素之间具有协作关系，要素层级与环节层级之间的节点连通表示要素对质量环节的质量特征形成和输出有影响关系。为了反映两个节点之间的质量相关关系，定义要素层级有 n 个节点，则要素层级与环节层级之间存在 $m \times n$ 条弧线，每一条弧线上存在一组参数 $\left[\alpha_{mn}, \beta_{mn}, \gamma_{mn}\right]$，分别对应食品质量特征的感官指标、理化指标和生化指标。这些弧线会影响环节层节点的质量特征输出，两者存在相关关系，可记为 $p_m = \sum_n f\left(\alpha_{mn}, \beta_{mn}, \gamma_{mn}\right)$，$t_m^{\xi} = \sum_n g\left(\alpha_{mn}, \beta_{mn}, \gamma_{mn}\right)$，其中 f 和 g 代表特定的函数。要素层级的节点之间的弧线上存在的参数记为 $\left[\alpha_{mn'}, \beta_{mn'}, \gamma_{mn'}\right]$，其中 m 和 n' 分别表示要素层级的不同节点。此外，用复杂网络还可以演示质量影响要素的实施主体的多样性，以及实施主体对各种要素的能力约束。该改进的食品质量链网络结构既可以发挥传统GERT方法可视化食品质量链的随机特征的优势，又可以避免传统GERT方法只着重展示食品质量的演变过程，而忽略了质量影响要素所对应的技术方法实施可行性和有效性的缺陷。

2.4 质量链协同视角下的食品质量管理范式及其管理决策

2.4.1 质量链协同视角下的食品质量管理范式

在GERT和复杂网络双网整合的食品质量链网络结构的基础上，本节进一步探究食品质量管理新范式。如图2-3所示，以人、机、料、法、环为技术方法输入，以感官质量、理化质量和生化质量为质量特征输出，以原料商、制造商和物流商为技术方法实施主体，基于食品质量链的视角进行食品质量管理决策：以双网融合、整体优化的食品生态网络架构为基础，通过双网联动、技术主导的食品质量演变过程和双网协同、多方共治的食品质量协同控制并驾齐驱，最终实现双网更新、数据驱动的食品安全风险管理。

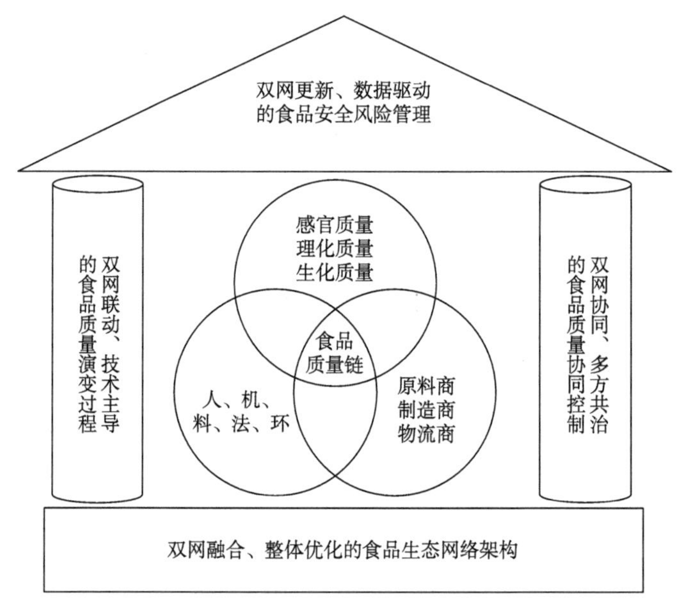

图2-3 质量链协同视角下食品质量管理新范式框架

1. 双网融合、整体优化的食品生态网络架构

在由食品质量环节演变 GERT 网络和食品质量影响要素复杂网络构成的双层级网络架构中，对 GERT 网络和复杂网络的双网架构进行综合评价，并进行整体优化。GERT 网络可通过矩母函数、传递函数、梅森公式等统计学和控制论理论方法来识别和评价食品质量演变过程的总体质量特征输出，以及总体的人、机、料、法、环要素有关的资源消耗，从而评估食品质量链网络的整体质量效能及质量稳定性。复杂网络可进行网络拓扑性分析、网络中节点重要度分析、质量控制特性分析及网络间耦合作用分析等一系列复杂网络分析，如分析节点的度从而评估要素层节点的重要度、分析弧线的平均路径长度从而评估要素层与质量环节层的相互影响程度、分析全网效能从而评估网络的稳定性和可靠性，最终对要素影响质量环节的重要程度和稳定程度进行综合评估。在此基础上，将 GERT 网络和复杂网络进行融合，包括网络接口的对接、网络参数的整合及网络效能的全局优化。最后，通过对双层级网络结构的融合效果不断进行迭代、反馈，寻找双层网络的帕累托前沿，从而实现整体网络的优化和调整，最终形成双网融合、整体优化的食品生态网络架构。

2. 双网联动、技术主导的食品质量演变过程

在基于 GERT 和复杂网络双网整合的双层级食品质量链网络上，探讨食品质量影响要素在食品质量演变各个环节的输入和选择机制，从而实行食品全生命周期的、全过程的质量管理。通过在诸如人力资源、机器设备、生产原料、工艺流程、环境状态、检测评估等食品质量影响要素所构成的复杂网络上进行连接机制分析，构建基于节点质量能力的适应度模型，衡量要素影响质量环节的能力水平。通过在食品演变过程各节点上进行与影响要素相关的技术方法的输入和选择，以及对质量信息流通过程中的主从性、开放性、外部性等质量流扰动因素进行测度和评价，系统地分析食品质量各个环节的影响效果和整个食品质量链的网络效能，从而识别和定义食品质量链上的关键路径、关键节点、关键要素和关键技术方法，形成技术主导下的食品质量演变过程管理机制。在此基础上，将 GERT 网络和复杂网络进行联动，在复杂网络的动态演变影响和约束下，对 GERT 网络的各个环节的输入和选择进行动态模拟，形成二维的输入选择技术方法矩阵，继而通过多准则评价方法对技术方法矩阵进行评估、调整和优化，最终形成技术方法主导的、食品质量双网联合动态演变的过程。

3. 双网协同、多方共治的食品质量协同控制

在双层级、多主体、多阶段的食品生态系统上，进行多主体的食品质量协同

控制管理决策。通过情景计划方法，为具有不同能力水平的影响因素实施主体设计多样化的质量链协同情景，并通过复杂网络来实现动态情景推演。然后，在GERT网络上为不同的食品质量链协同情景设计多个影响要素实施主体之间的质量控制契约，分析不同契约模式下质量链相关主体及质量链整体努力水平的变化，运用极大值原理，确定契约相关参数的值域。在此基础上，通过使用博弈论方法，分析食品原材料供应商、生产企业、物流商和整个质量链的利益变化，以及食品质量链中的个体存在偏离全局最优解的动机，为确保食品质量链的网络鲁棒性提出可行且合理的解决方案。不仅如此，还可从政策、公众参与干预的角度，研究企业、政府、公众多方共治背景下的食品质量协同控制体系。从监管效率、市场有序度、公众公信力等方面入手，研究政府监管政策的实现形式以及相应的监管体制顶层设计，并对不同政策方案的影响进行模拟仿真，提出切实可行的食品质量安全规制政策方案，最终形成双网协同、多方共治的食品质量协同控制机制。

4. 双网更新、数据驱动的食品安全风险管理

在双层级、多主体、多阶段的食品生态系统上，进行多阶段的食品安全风险管理决策。在每一个决策阶段，在面对多个质量影响要素实施主体所能提供的有限的技术方法候选集合时，通过复杂网络和GERT网络的协同分析和优化，选择出最优的技术方法，使得食品质量链的质量特征输出达到最优化。网络中的弧线参数包括食品质量特征的感官指标、理化指标和生化指标，它们都可测量且具有数据可获性。图 2-4 演示了食品质量特征参数的更新和食品安全风险的预警机制。通过使用数据收集和处理方法，分析不同决策阶段的质量特征参数与质量影响要素之间的相关关系，构建相关关系的历史数据库。通过信息实时刷新的方法，由历史数据库和当前选择的影响要素技术方法共同对质量特征参数进行校正，实现数据驱动下的实时质量管理。不仅如此，通过设定质量特征参数变动的阈值，对质量特征参数异动情形进行风险预警和控制，排除风险较大的异常数据对质量特征参数校正值准确度的影响，并鉴别出潜在的食品安全风险事件。校正后的质量特征参数添加到历史数据库中，以保持数据的非过时性。另外，从多阶段的角度来看，通过使用序贯决策方法，设计一个判断是否更新技术方法的序贯决策规则，通过对相邻两个阶段的食品质量改进程度的差异进行比较，来判断是继续使用原来的还是更新使用新的食品质量管理技术方法，从而使得整个食品质量链的网络效能能够不断得到循环改进、食品质量安全风险不断得到消除，最终形成双网更新、数据驱动的食品安全风险管理机制。

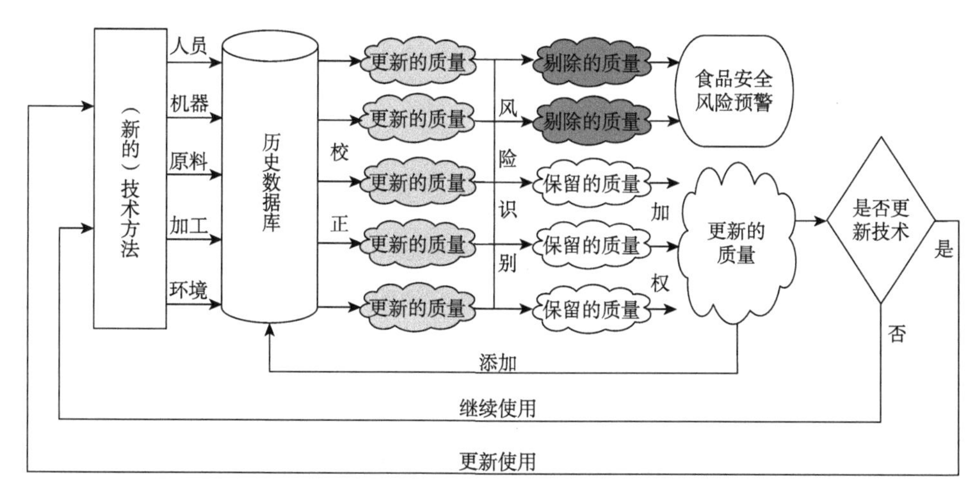

图 2-4　序贯的食品质量更新和食品安全风险预警机制

2.4.2　质量链协同视角下的食品质量管理决策

从前文分析来看，质量链横向的分散性与纵向结构的不集中交织起来所带来的管理复杂性以及主体间利益分配失衡下的不良关系也是食品安全质量管理问题频发的重要原因。本节基于食品安全系统的过程复杂性、主体行为多向性及影响因素多样性特点，强调以多组织、多要素、多线程为背景，将食品质量链上各方统一在协同框架下，考察质量链上各方功能和相互作用，从协同控制的视角寻求解决食品安全问题的管理控制策略。

1. 基于食品质量链协同控制的激励契约设计

供应链管理过程中协同契约机制的核心思想是通过市场需求、价格等调控因素来制定不同的契约模式，以协调供应链上各个节点企业之间的行为和决策，并以此实现供应链价值的最优分割，促进供应链上各方协同共赢发展。这种思路为食品质量链协同契约机制的研究提供了有益参考。与之不同的是，质量链协同的核心目标是提高食品质量安全水平，其协同过程可以描述如下：政府在可支付监管成本下，以相对较低的监管成本，来实现对食品供给市场的最优监管效果；核心企业在可接受风险成本下，以一定期望投入成本来生产质量安全的食品，这些目标实现时即达到食品质量链的协同。通过对信息不对称环境下食品质量链协同控制的最优契约模式进行研究，根据食品质量链协同的不同情境，设计多个质量控制契约，分析不同契约下初级农产品生产企业、食品加工企业及质量链整体利润的变化，为控制食品质量链的安全风险提出可行且合理的解决方法。需要说明的是，激励机制在质量链协同中的作用主要来源于政府监管方对企业增加质量投入意愿的激励（政府规制激励政策），这与供应链协同中各方利润增加的激励效应有所不同。

2. 基于前景理论的食品生产者最优投入决策行为分析

对食品生产企业来说，从投入产出效率角度，良好的食品安全水平是在合理期望收益下的生产投入组合策略的结果，具有风险规避特征。在考虑政府食品质量监管机制、质量链相关质量损失承担及供应商质量投资等情形的前提下，分析不同风险偏好下食品安全质量最优投入决策问题。根据生产企业风险激励特征，运用前景理论优化质量投资决策过程，从成本、风险与盈利三个方面对质量投资决策方案进行综合评价。由于食品质量链中的各主体间相互影响，考虑在线快速检测和认证制度双重条件下的食品质量链协同契约设计、带损失成本分摊的收益共享契约设计和双方各自承担损失的质量控制契约，根据不同契约的均衡解特性，对食品生产企业价值函数进行设计。同时，将加工企业所实现的价值流与相关成员联系在一起，从成本、风险、可持续性等方面分析质量链是否能够最大限度地实现最优价值，根据分析结果反馈至质量链价值传播路径，进而有利于整个食品质量链的结构重构或优化。

3. 基于耗散结构理论的食品质量链多主体协同性评价

食品安全水平是由质量链上所有成员共同作用决定的，如图 2-5 所示。因此，提高食品质量安全水平需要从系统的观点入手。食品质量安全是耗散结构处于有序状态的表现，维护食品质量安全的过程就是引进有效负熵、抑制正熵的过程，耗散结构理论为食品安全问题的控制策略提供了新思路。

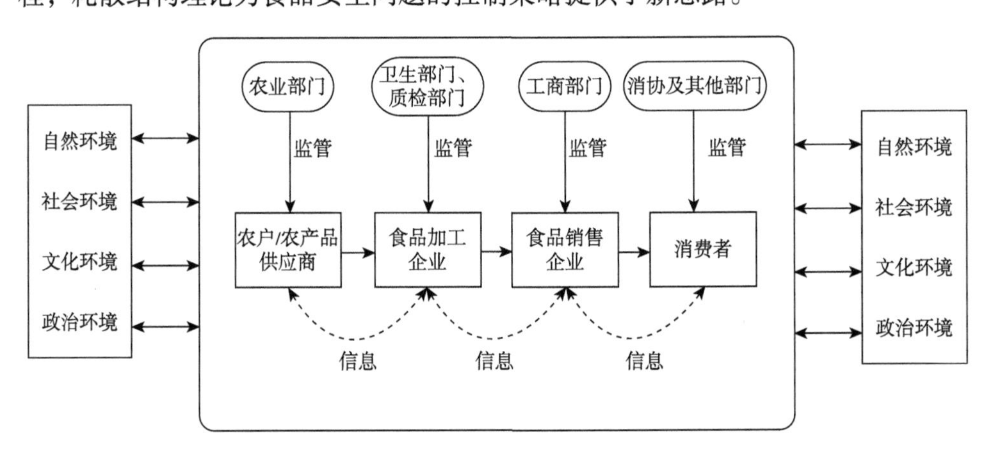

图 2-5 食品质量链空间结构模型示意图

对食品质量链各个主体企业协同进行质量管理和控制，以产生比各个企业单独自主生产更大的相对利润和更好的质量安全，超额利益是食品质量链协同的原动力。第一，对食品质量链上各系统主体在质量控制和投入方面的指标进行研究并构建食品质量链系统内部熵和外部熵的指标体系，并建立耗散结构模型。第二，运用信息熵，根据各熵指标体系值的差异程度，计算出各熵指标体系在不同时间段内的权重和食品质量链在某时间点上的熵值。第三，以信息熵作为属性约简的标准，研究基于信息熵的粗糙集属性约简方法。从食品质量链协同系统的诸多熵指标中，定量计算关键熵指标。通过对关键熵指标的控制，不断协调各子系统之间的关系使整个质量链向新的有序方向发展。

4. 基于政府绩效管理的食品安全公共政策实验设计

食品安全监管体制的不健全、监管职责划分不够明确、检验检测设备相对匮乏、责任追究机制尚不健全、信息传导机制不完善等问题不同程度地阻碍了食品安全治理工作的顺利开展。为解决以上问题，首先，围绕政府对食品安全监管的目标，探讨食品安全政策中各相关主体的价值偏好与行为风险特征，构建我国食品安全政策研究的结构动因理论体系，分析食品安全政策的最优传导路径和机制。其次，根据食品质量链的组织结构模型及链上各关键节点的目标和功能，结合各类食品的定位及所面向对象，从监管效率、市场有序度、公信力等方面入手，分析其质量水平的相应监管原则，设定监管级别及标准。在此基础上，考虑食品安全政策的协同性、质量链关键节点和路径的反应行为模式及食品安全态势等综合因素，提出食品安全政策的分类分级组合策略。最后，通过借鉴前述研究成果，从食品安全社会公益性、有效性和外部性出发，提出政府监管体制和机制的顶层设计，并对不同方案进行评价和比选。

第3章 基于GERT的质量链建模技术及其应用

3.1 GERT理论概述

从本书 2.3.2 节来看，因食品生态复杂系统的多主体性、多阶段性、不确定性，食品质量链可以由一个食品质量影响要素作用下的具有实施主体能力约束的随机网络来表示。GERT 网络弧线的链接可以很好地表征食品质量环节的链接，从而形象地刻画食品质量的演变过程，网络弧线的随机参数可以很好地表征与食品质量影响要素有关的资源的输入及食品质量特征的输出。

GERT 是一种图形评审技术，多用于表示复杂系统中的参数转移。在理论上将网络理论、优化理论及计算技术等理论进行了有机的结合，且在实际应用上被广泛应用在工业和研究部门（冯允成，1987；Pritsker，1966）。GERT 网络最重要的 3 个要素为节点、箭线和活动。节点可以表示网络中的状态，如在生产网络中，节点可以表示工艺；在供应链网络中，节点则可以表示企业。箭线表示两节点之间的传递关系，而传递的参数则可以用两节点间的活动（i，j）表示。目前，GERT 在各个研究领域均有被涉及，且研究成果较为丰富。

在网络构建与解析算法方面，徐孟飚（1981）在表算法的基础上，解读了方法，改进了技术，根据流向图理论和相关概率统计的理论，从中导出求解矩母函数和条件矩母函数的方法，该方法用于解决复杂的网络计算问题。此研究成果更适应 GERT 的计算，可以更灵活且更适应地模拟生产过程、控制管理计划。孙飞翔（1987）以马尔可夫（Markov）过程为桥梁，提出网络指标 Tm，用系统动力学方法模拟求解 GERT，获得一种求解 GERT 网络的新方法。郑达谦和赵国浩（1985）提出多加性元素 GERT 网络解析法的理论，用该方法可像时间变量一样将费用变量作为决策变量，建立基于非线性多目标的数学规划 GERT 模型，表示追加费用与缩短作业时间之间的一般关系，同时得到几种特例的最优解、工期方差和追加费用最优分配方案等控制量，分析如何在各活动中分配追加费用，以确定最佳方案。

在复杂产品的制造和军工领域，王欢等（2019）综合考虑产品质量水平和研制成本，提出了复杂产品制造下的质量价值概念，并以此构建了相应的复杂产品质量价值流 GERT 网络模型，实现了复杂产品质量水平的量化。汪涛和吴琳丽（2012）通过灰度理论和 GERT 网络的结合，构建了军事物流供应链风险识别 G-GERT 模型并验证了其有效性和可靠性。在大型飞机起落架系统研制中，张瑜等（2016）在研究 GERT 网络时将协同学结合了起来，进行知识流动效应解析，对知识流动进行测度，得到知识增值大小、流动的顺畅性等重要信息，此研究为产学研项目研制的按时按质完成提供了积极对应措施。韩凤山（1994）提出了 Q-GERT，即具有排队功能的 GERT，在 GERT 的研究上结合了排队理论，将复杂的排队系统直观、简洁地描述出来。

在资源调配与优化领域，杨保华等（2011）为解决应急救援中资源供需不匹配问题，构建了一个综合考虑灾害自身演化与外部相互作用的抢险 GERT 网络，并给出了网络模型的算法，为灾害发展趋势及其预测资源的配置提供了新的研究方法和思路。另外，俞斌（2010）研究了多传递参量 GERT 网络模型，对其函数方法、运算法则及构建方式进行研究和证明，并以国民经济系统中多部门价值流动为例探索了模型的实用性。

在食品质量研究领域，郭本海等（2019）根据我国乳制品产业管理现状，构建了基于质量价值流动的乳制品全产业质量控制 GERT 网络模型，发现核心企业主导下的全产业链质量管理模式更有利于提高乳品质量。孟秀丽等（2017）为了研究乳制品质量链的协同效应，构建了乳制品质量链协同 GERT 网络，以质量流的波动方差和平均值作为测度质量链协同的指标，并进一步通过案例验证了模型和算法的实用性。

从上述研究成果可看出，GERT 网络不仅可以科学表征拥有随机性与多阶段性的复杂系统，在理论上还具有较好的拓展性。因此本书将在下面的章节中为读者展示 GERT 理论在食品安全质量方面的应用。

3.2　基于贝叶斯更新GERT网络的乳制品质量链优化

3.2.1　乳制品质量链贝叶斯更新 GERT 网络分析

1. 乳制品质量链贝叶斯更新 GERT 网络

乳制品属于典型的易腐食品（Sel et al.，2015），它需要多次加热和冷却以保证其生产过程中的质量可靠性，因此决策者需要对对时间和能源敏感的质量改进活动进行各种组合，从而形成各种不同的可持续性指标输入值及质量的输出值（de Jong，2013；Stefansdottir et al.，2018）。本节拟解决的关于乳制品生产的可持续质量管理问题是基于集中式链结构的。集中式链结构是指一种特殊的供应链结构，其中供应链中所有的生产决策由一个掌握所有信息的决策者做出（Chen et al.，2014）。经调研了解，在华东地区，有几家著名的乳制品生产企业，它们具有集中式的链式结构，它们管理自己的农场，并拥有完整的生产线，并采用垂直策略进行质量控制。本节基于对这些企业的调查，着重关注一种典型乳制品——瓶装牛奶的生产过程。牛奶灌装之前的生产过程包括三个子过程：灭菌乳加工、辅料配制和奶瓶准备。仅在后两个子过程中才允许进行再加工：因为不合格的牛奶必须完全丢弃，以符合国家食品安全标准；而辅料和奶瓶回收利用是允许的，从而整个生产过程形成一条具有可持续性特色的网络结构。瓶装牛奶生产过程见图 3-1。

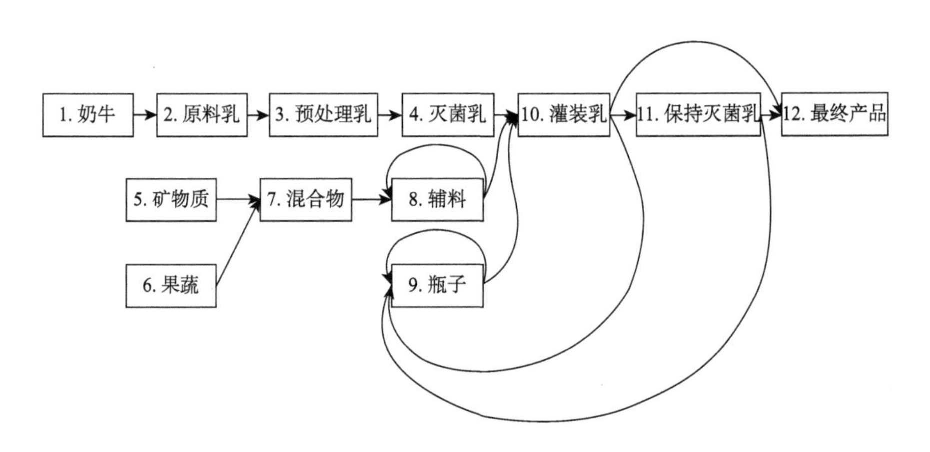

图 3-1 瓶装牛奶的生产过程

在瓶装牛奶的生产过程中，由于其不确定性，无法确定其资源投入和质量产出（Gillibert et al.，2018；Stefansdottir et al.，2018；Tabrizi et al.，2018）。基于顺序的生产步骤，本节绘制了一个随机网络以显示产品形态转换过程中的随机性和动态性（图 3-2）。节点代表产品形态。12个产品形态分别用编号为1~12的节点表示。实际上还存在废弃处置节点，但由于图的空间限制在此省略。弧线表示可能的产品形态转换。定义 i 是网络中的任意节点，$i=1,2,\cdots,I$，其中，I 是网络中的节点数；(i,j) 是从节点 i 射出的弧，j 是节点 i 后继的节点，$j\in A_i$，A_i 是节点 i 的所有后继节点的集合，且 $I_i=|A_i|$。节点 i 输出的质量由遵循 Dirichlet 分布

的 $p_i=\left(p_{i1},p_{i2},\cdots,p_{iI_i}\right)^{\mathrm{T}}$ 表示，即 $p_i\sim\mathrm{Dir}\left(\alpha_i\right)$，其中 p_{ij} 是从节点 i 到其第 j 个后继节点（按节点编号的升序排列）的质量输出，且 $\alpha_i=\left(\alpha_{i1},\alpha_{i2},\cdots,\alpha_{iI_i}\right)^{\mathrm{T}}$ 可以通过历史质量数据来估计。此外，生产一定质量的产品需要消耗时间和碳排放。对生产步骤进行计时，以及估算相应的碳排放似乎并不困难。如今，可追溯系统已经开发出来，可以对许多中国公司的食品生产进行计时和可视化（Shen et al., 2018；Wang and Yue，2017；Wang et al.，2017）。碳排放量还可以通过电力和燃料消耗来估算（de Jong，2013；Soysal et al.，2014），但是它们仍然具有不确定性并相互关联。因此，我们定义每条弧上的时间 q_{ij} 和碳排放量 r_{ij} 分别服从正态分布，即 $q_{ij}\sim N\left(\mu_{ij1},\sigma_{ij1}^2\right)$，$r_{ij}\sim N\left(\mu_{ij2},\sigma_{ij2}^2\right)$，它们的组合遵循二元正态分布，记为 $K_{ij}\sim N\left(\mu_{ij},\Sigma_{ij}\right)$，其中

$$K_{ij}=\begin{pmatrix}q_{ij}\\r_{ij}\end{pmatrix}\tag{3-1}$$

$$\mu_{ij}=\begin{pmatrix}\mu_{ij1}\\\mu_{ij2}\end{pmatrix}\tag{3-2}$$

$$\Sigma_{ij}=\begin{pmatrix}\sigma_{ij1}^2 & \sigma_{ij}\sigma_{ij1}\sigma_{ij2}\\\sigma_{ij}\sigma_{ij1}\sigma_{ij2} & \sigma_{ij2}^2\end{pmatrix}\tag{3-3}$$

其中，σ_{ij} 为 q_{ij} 与 r_{ij} 之间的相关系数。因此，通过弧参数 $\left(p_{ij},K_{ij}^{\mathrm{T}}\right)$ 量化了随机网络的不确定性。

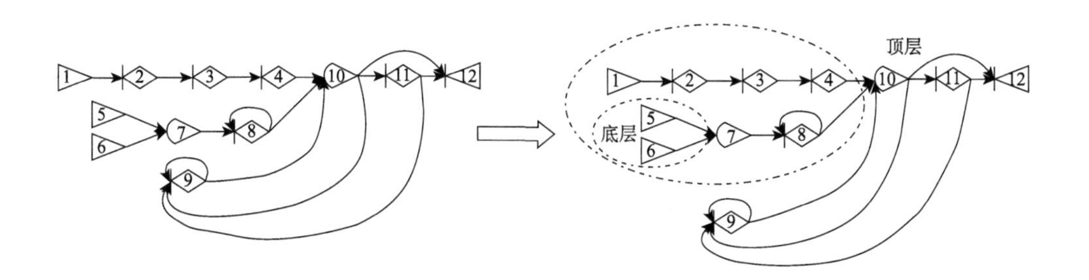

（a）瓶装牛奶生产的随机网络

（b）瓶装牛奶生产的等效的三层级 GERT 网络

图 3-2　从随机网络到 GERT 网络的转变

在一般化的随机网络中，存在三种类型的输入（即XOR、OR和AND）和两种类型的输出（即确定性和非确定性），从而产生了六种类型的节点逻辑，分别表示如下：⧼◯（XOR 和确定性）；⧼◇（XOR 和非确定性）；◁（OR 和确定性）；◇（OR 和非确定性）；○（AND 和确定性）；◯（AND 和非确定性）

（Nelson et al.，2016；Zhou et al.，2016）。然而，GERT 网络仅考虑一种输入节点逻辑，即 XOR（Pritsker，1966）。因此，我们遵循一个等效的变换准则绘制等效的三层级 GERT 网络，见图 3-2。在底层和中间层网络中，在将一个层级的网络作为一个整体来考虑，并输出等效的集成弧的前提下，AND 类型被 XOR 类型取代。

在分析质量改进活动决策对 GERT 网络的影响时，不仅要考虑不确定性，还要考虑动态性。定义 ω_{im} 代表节点 i 中的第 m 个质量改进活动，$m=1,2,\cdots,\Omega_i$，其中 Ω_i 是节点 i 中质量改进活动的数量。无论是否在节点中执行质量改进活动，都会直接影响该节点输出弧的质量、时间和碳排放（请注意，此处我们仅考虑与电力和燃料消耗相关的碳排放，因为质量改进活动主要来自电力和燃料使用。例如，当奶牛生产原料乳时，执行“机器挤奶”的质量改进活动，它可以提高原料乳质量、节省挤奶时间，同时也会增加碳排放量）。由质量改进活动决策引起的弧的影响是概率性的，并且不会改变 GERT 网络的随机性。贝叶斯方法作为统计学中的一种流行工具，用于更多信息可用时事件概率的更新（Zhan et al.，2014；Zhan and Liu，2016）。本书认为执行质量改进活动可以为弧参数提供“更多信息”。因此，通过质量改进活动决策更新的 GERT 网络显然比无更新的 GERT 网络更为复杂。

2. 弧参数的贝叶斯更新

决策者需要决定是否定位要执行质量改进活动的节点，以及是否为其分配质量改进活动。我们定义了两种类型的决策变量：一是定位变量 z_i，如果定位到节点 i 上则等于 1，否则为 0；二是分配变量 x_{im}，如果在节点 i 上执行质量改进活动 ω_{im} 则等于 1，否则等于 0。两种类型的决策变量之间的关系表述为

$$\sum_{m} x_{im} = z_i \tag{3-4}$$

不同的质量改进活动策略会导致弧参数的更新结果不同。我们将弧参数 $\left(p_{ij},K_{ij}^{\mathrm{T}}\right)$ 称为初始的参数。对应地，我们将受质量改进活动决策影响的弧参数称为更新的参数，并将其记为 $\left(\pi_{ij},H_{ij}^{\mathrm{T}}\right)$，其中

$$H_{ij} = \begin{pmatrix} t_{ij} \\ c_{ij} \end{pmatrix} \tag{3-5}$$

在节点执行质量改进活动时，质量改进活动特性（包括有效性、时间和碳排放）处于不确定状态。因此，需要大量的质量改进活动试验来模拟这些不确定的特性。然后，基于质量改进活动试验的观察结果，采用贝叶斯方法更新 GERT 网络中的弧参数。

1）弧概率的贝叶斯更新

如上所述，初始弧概率是指节点 i 输出的初始质量，它遵循 Dirichlet 分布 $p_i \sim \mathrm{Dir}(\alpha_i)$。假设从长远来看，受有效质量改进活动影响的弧概率也遵循 Dirichlet 分布，记为 $s_{im} \sim \mathrm{Dir}(\lambda_{im}\alpha_i)$，其中

$$s_{im} = \left(s_{im1}, s_{im2}, \cdots, s_{imJ_i}\right)^{\mathrm{T}} \tag{3-6}$$

$$\lambda_{im} = \begin{pmatrix} \lambda_{im1} & 0 & \cdots & 0 \\ 0 & \lambda_{im2} & \cdots & 0 \\ \vdots & \vdots & & \vdots \\ 0 & 0 & \cdots & \lambda_{imJ_i} \end{pmatrix} \tag{3-7}$$

其中，λ_{im} 为代表初始弧概率的提升程度的系数。据了解，质量改进活动并不总是有效的，有时可能会失去其有效性，这表明质量改进活动的有效性也处于不确定状态。就单个质量改进活动试验而言，质量改进活动是否可以成功改变弧概率大致可以认为是一项分类试验。假设质量改进活动 ω_{im} 共有 N_{im} 次试验。因此，在所有 N_{im} 次试验中，质量改进活动 ω_{im} 的有效性遵循多项式分布，记为

$$e_{im} \left| s_{im} \sim MN\left(N_{im}, s_{im}\right)\right. \tag{3-8}$$

$$e_{im} = \left(e_{im1}, e_{im2}, \cdots, e_{imN_{im}}\right) = \begin{pmatrix} e_{im11} & \cdots & e_{im1N_{im}} \\ \vdots & & \vdots \\ e_{imJ_i1} & \cdots & e_{imJ_iN_{im}} \end{pmatrix} \tag{3-9}$$

其中，e_{im} 的所有子向量都是 $J_i \times 1$ 维向量，元素为 0 或 1。

例如，$e_{im2} = \begin{pmatrix} e_{im12} \\ \vdots \\ e_{imJ_i2} \end{pmatrix} = \begin{pmatrix} 1 \\ 0 \\ \vdots \end{pmatrix}$。

意思是，在质量改进活动 ω_{im} 的第二次试验中，节点 i 输出的质量指向了节点 i 的第一个后续节点。

借用共轭族的性质（Berger，2013），我们可以推断出：对于多项式似然函数来说，Dirichlet 分布与其自身是共轭的。然后，使用贝叶斯定理，节点 i 输出的后验的弧概率为

$$s_{im} \left| e_{im} \sim \mathrm{Dir}\left(\lambda_{im1}\alpha_{i1} + \sum\nolimits_n e_{im1n}, \cdots, \lambda_{imJ_i}\alpha_{iJ_i} + \sum\nolimits_n e_{imJ_in}\right)\right. \tag{3-10}$$

然后，受质量改进活动决策影响的节点 i 输出的更新的弧概率为

$$\pi_{ij} = \begin{cases} \sum\nolimits_m \left(x_{im} E\left(s_{imj} \left| e_{im}\right.\right)\right), & z_i = 1 \\ E\left(p_{ij}\right), & z_i = 0 \end{cases} \tag{3-11}$$

$E\left(s_{imj}\left|e_{im}\right.\right)$可以通过 Dirichlet 分布的重要性质来算得，结果为

$$E\left(s_{imj}\left|e_{im}\right.\right)=\frac{\lambda_{imj}\alpha_{ij}+\sum_{n}e_{imjn}}{\sum_{j}\left(\lambda_{imj}\alpha_{ij}+\sum_{n}e_{imjn}\right)} \tag{3-12}$$

式（3-11）集成了质量改进活动决策和贝叶斯更新。如果执行了一个质量改进活动（即 $z_i=1$，以及某个 $x_{im}=1$），则等式的右侧等于后验的弧概率的期望值。如果未执行任何质量改进活动（即 $z_i=0$，以及所有 $x_{im}=0$），则等式的右侧等于初始的弧概率的期望值。

2）弧时间和弧碳排放量的贝叶斯更新

弧时间和弧碳排放量的更新明显不同于弧概率。尽管质量改进活动效果不确定，但始终会消耗时间和产生碳排放。如前所述，时间 q_{ij} 和碳排放量 r_{ij} 遵循正态分布，即 $q_{ij}\sim N\left(\mu_{ij1},\sigma_{ij1}^{2}\right)$，$r_{ij}\sim N\left(\mu_{ij2},\sigma_{ij2}^{2}\right)$，$K_{ij}\sim N\left(\mu_{ij},\Sigma_{ij}\right)$。根据现实世界中的普遍假设，质量改进活动的时间 t'_{im} 和碳排放量 c'_{im} 也遵循类似的分布，即 $K_{im}\sim N\left(\Theta_{im},T_{im}\right)$，其中

$$K_{im}=\begin{pmatrix}t'_{im}\\c'_{im}\end{pmatrix} \tag{3-13}$$

$$\Theta_{im}=\begin{pmatrix}\theta_{im1}&0\\0&\theta_{im2}\end{pmatrix} \tag{3-14}$$

$$T_{im}=\begin{pmatrix}\tau_{im1}^{2}&v_{im}\tau_{im1}\tau_{im2}\\v_{im}\tau_{im1}\tau_{im2}&\tau_{im2}^{2}\end{pmatrix} \tag{3-15}$$

其中，v_{im} 为 t'_{im} 与 c'_{im} 之间的相关系数。请务必注意，t'_{im} 与 q_{ij} 有关，而 c'_{im} 与 r_{ij} 有关。通常，t'_{im} 占 q_{ij} 的一部分，c'_{im} 占 r_{ij} 的一部分。然后，将它们的关系公式化为似然函数，得

$$\kappa_{im}\left|K_{ij}\right.\sim N\left(\Theta_{im|ij}K_{ij},T_{im|ij}\right) \tag{3-16}$$

其中，

$$\kappa_{im}\left|K_{ij}\right.=\begin{pmatrix}t'_{im}\left|K_{ij}\right.\\c'_{im}\left|K_{ij}\right.\end{pmatrix} \tag{3-17}$$

$$\Theta_{im|ij}=\begin{pmatrix}\theta_{im1|ij}&0\\0&\theta_{im2|ij}\end{pmatrix} \tag{3-18}$$

$$T_{im|ij}=\begin{pmatrix}\tau_{im1|ij}^{2}&v_{im|ij}\tau_{im1|ij}\tau_{im2|ij}\\v_{im|ij}\tau_{im1|ij}\tau_{im2|ij}&\tau_{im2|ij}^{2}\end{pmatrix} \tag{3-19}$$

其中，$v_{im|ij}$ 为给定 K_{ij} 后的 t'_{im} 与 c'_{im} 之间的相关系数。

通过再次借用共轭族的性质（Berger，2013），可以推断出：对于高斯似然函数来说，高斯族与其自身是共轭的。因此，使用贝叶斯定理，我们得到：

$$K_{ij}\left|\overline{\kappa}_{im}\sim N\left(\Theta_{im|ij}^{-1}\Phi_{ij|im},\Theta_{im|ij}^{-1}\Psi_{ij|im}\left(\Theta_{im|ij}^{-1}\right)^{\mathrm{T}}\right)\right. \tag{3-20}$$

其中，

$$\overline{\kappa}_{im}=\begin{pmatrix}\dfrac{\sum_n\hat{t}'_{imn}}{N_{im}}\\ \dfrac{\sum_n\hat{c}'_{imn}}{N_{im}}\end{pmatrix} \tag{3-21}$$

式（3-21）是所有 N_{im} 次质量改进活动试验中观察到的 κ_{im} 的样本均值，$\hat{t}'_{imn}$ 和 $\hat{c}'_{imn}$ 分别表示第 n 次质量改进活动试验的样本时间和样本碳排放量：

$$K_{ij}\left|\overline{\kappa}_{im}\right.=\begin{pmatrix}q_{ij}\left|\overline{\kappa}_{im}\right.\\ r_{ij}\left|\overline{\kappa}_{im}\right.\end{pmatrix} \tag{3-22}$$

$$\Phi_{ij|im}=\Psi_{ij|im}\left[\left(\Theta_{im|ij}\Sigma_{ij}\Theta_{im|ij}^{\mathrm{T}}\right)^{-1}\Theta_{im|ij}\mu_{ij}+N_{im}T_{im|ij}^{-1}\overline{\kappa}_{im}\right] \tag{3-23}$$

$$\Psi_{ij|im}=\left[\left(\Theta_{im|ij}\Sigma_{ij}\Theta_{im|ij}^{\mathrm{T}}\right)^{-1}+N_{im}T_{im|ij}^{-1}\right]^{-1} \tag{3-24}$$

证明 首先，借用Bijma等（2017）中的推论B.5，可得推出：

$$\Theta_{im|ij}K_{ij}\sim N\left(\Theta_{im|ij}\mu_{ij},\Theta_{im|ij}\Sigma_{ij}\Theta_{im|ij}^{\mathrm{T}}\right) \tag{3-25}$$

其次，依据式（3-16）与式（3-25），得出似然函数为

$$\overline{\kappa}_{im}\left|\Theta_{im|ij}K_{ij}=\overline{\kappa}_{im}\right|K_{ij}=N\left(\Theta_{im|ij}K_{ij},N_{im}^{-1}T_{im|ij}\right) \tag{3-26}$$

再次，参考Bolstad和Curran（2017），可以得到：

$$\Theta_{im|ij}K_{ij}\left|\overline{\kappa}_{im}\sim N\left(\Phi_{ij|im},\Psi_{ij|im}\right)\right. \tag{3-27}$$

其中，$\Phi_{ij|im}$ 和 $\Psi_{ij|im}$ 分别对应于式（3-23）和式（3-24）。

最后，再次借用Bijma等（2017）中的推论B.5，可得推出式（3-20）。

性质 3-1 后验均值 $E\left(K_{ij}\left|\overline{\kappa}_{im}\right.\right)$ 是先验均值 $E\left(K_{ij}\right)$ 和“带有系数权重的样本均值” $\Theta_{im|ij}^{-1}\overline{\kappa}_{im}$ 的加权和。

证明 首先，

$$
\begin{aligned}
\Theta_{im|ij}^{-1}\Psi_{ij|im} &= \Theta_{im|ij}^{-1}\left[\left(\Theta_{im|ij}\Sigma_{ij}\Theta_{im|ij}^{\mathrm{T}}\right)^{-1} + N_{im}T_{im|ij}^{-1}\right]^{-1} \\
&= \left\{\left[\left(\Theta_{im|ij}\Sigma_{ij}\Theta_{im|ij}^{\mathrm{T}}\right)^{-1} + N_{im}T_{im|ij}^{-1}\right]\Theta_{im|ij}\right\}^{-1} \\
&= \left[\left(\Sigma_{ij}\Theta_{im|ij}^{\mathrm{T}}\right)^{-1} + \left(N_{im}T_{im|ij}^{-1}\Theta_{im|ij}\right)\right]^{-1}
\end{aligned} \tag{3-28}
$$

其次，

$$
\begin{aligned}
E\left(K_{ij}\left|\overline{\kappa}_{im}\right.\right) &= \Theta_{im|ij}^{-1}\Phi_{ij|im} \\
&= \Theta_{im|ij}^{-1}\Psi_{ij|im}\left[\left(\Theta_{im|ij}\Sigma_{ij}\Theta_{im|ij}^{\mathrm{T}}\right)^{-1}\Theta_{im|ij}\mu_{ij} + N_{im}T_{im|ij}^{-1}\overline{\kappa}_{im}\right] \\
&= \left[\left(\Sigma_{ij}\Theta_{im|ij}^{\mathrm{T}}\right)^{-1} + \left(N_{im}T_{im|ij}^{-1}\Theta_{im|ij}\right)\right]^{-1}\left[\left(\Sigma_{ij}\Theta_{im|ij}^{\mathrm{T}}\right)^{-1}\mu_{ij} + \left(N_{im}T_{im|ij}^{-1}\Theta_{im|ij}\right)\Theta_{im|ij}^{-1}\overline{\kappa}_{im}\right]
\end{aligned} \tag{3-29}
$$

根据式（3-29），性质 3-1 得证。更精确地说，权重分别为式（3-30）和式（3-31）：

$$
\left[\left(\Sigma_{ij}\Theta_{im|ij}^{\mathrm{T}}\right)^{-1} + \left(N_{im}T_{im|ij}^{-1}\Theta_{im|ij}\right)\right]^{-1}\left(\Sigma_{ij}\Theta_{im|ij}^{\mathrm{T}}\right)^{-1} \tag{3-30}
$$

$$
\left[\left(\Sigma_{ij}\Theta_{im|ij}^{\mathrm{T}}\right)^{-1} + \left(N_{im}T_{im|ij}^{-1}\Theta_{im|ij}\right)\right]^{-1}\left(N_{im}T_{im|ij}^{-1}\Theta_{im|ij}\right) \tag{3-31}
$$

性质 3-2 *后验方差 $V\left(K_{ij}\left|\overline{\kappa}_{im}\right.\right)$ 的值取决于先验方差 $V\left(K_{ij}\right)$ 和似然方差 $V\left(\Theta_{im|ij}^{-1}\overline{\kappa}_{im}\left|K_{ij}\right.\right)$。更精确地说，*

$$
\left[V\left(K_{ij}\left|\overline{\kappa}_{im}\right.\right)\right]^{-1} = \left[V\left(K_{ij}\right)\right]^{-1} + \left[V\left(\Theta_{im|ij}^{-1}\overline{\kappa}_{im}\left|K_{ij}\right.\right)\right]^{-1} \tag{3-32}
$$

证明 第一，根据式（3-18）能够得到：

$$
\Theta_{im|ij}^{-1} = \left(\Theta_{im|ij}^{-1}\right)^{\mathrm{T}} = \begin{pmatrix} \dfrac{1}{\theta_{im1|ij}} & 0 \\ 0 & \dfrac{1}{\theta_{im2|ij}} \end{pmatrix} \tag{3-33}
$$

第二，依据式（3-26）可得 $V\left(\overline{\kappa}_{im}\left|K_{ij}\right.\right) = N_{im}^{-1}T_{im|ij}$，于是得到：

$$
\begin{aligned}
V\left(\Theta_{im|ij}^{-1}\overline{\kappa}_{im}\left|K_{ij}\right.\right) &= N_{im}^{-1}\Theta_{im|ij}^{-1}T_{im|ij}\left(\Theta_{im|ij}^{-1}\right)^{\mathrm{T}} \\
&= N_{im}^{-1}\Theta_{im|ij}^{-1}T_{im|ij}\Theta_{im|ij}^{-1} \\
&= \left(N_{im}\Theta_{im|ij}T_{im|ij}^{-1}\Theta_{im|ij}\right)^{-1}
\end{aligned} \tag{3-34}
$$

因此，$\left[V\left(\Theta_{im|ij}^{-1}\overline{\kappa}_{im}\left|K_{ij}\right.\right)\right]^{-1} = N_{im}\Theta_{im|ij}T_{im|ij}^{-1}\Theta_{im|ij}$。

第三，

$$
\begin{aligned}
V\left(K_{ij}\left|\overline{\kappa}_{im}\right.\right) &= \Theta_{im|ij}^{-1}\Psi_{ij|im}\left(\Theta_{im|ij}^{-1}\right)^{\mathrm{T}} \\
&= \left[\left(\Sigma_{ij}\Theta_{im|ij}^{\mathrm{T}}\right)^{-1}+\left(N_{im}T_{im|ij}^{-1}\Theta_{im|ij}\right)\right]^{-1}\Theta_{im|ij}^{-1} \\
&= \left[\Theta_{im|ij}^{\mathrm{T}}\left(\Sigma_{ij}\Theta_{im|ij}^{\mathrm{T}}\right)^{-1}+\left(N_{im}\Theta_{im|ij}T_{im|ij}^{-1}\Theta_{im|ij}\right)\right]^{-1} \\
&= \left[\Sigma_{ij}^{-1}+\left(N_{im}\Theta_{im|ij}T_{im|ij}^{-1}\Theta_{im|ij}\right)\right]^{-1} \\
&= \left\{\left[V\left(K_{ij}\right)\right]^{-1}+\left[V\left(\Theta_{im|ij}^{-1}\overline{\kappa}_{im}\left|K_{ij}\right.\right)\right]^{-1}\right\}^{-1}
\end{aligned} \tag{3-35}
$$

因此，式（3-32）得证。

第四，根据式（3-32），可以推出$\left[V\left(K_{ij}\left|\overline{\kappa}_{im}\right.\right)\right]^{-1}>\left[V\left(K_{ij}\right)\right]^{-1}$。由此可得

$$
V\left(K_{ij}\left|\overline{\kappa}_{im}\right.\right)<V\left(K_{ij}\right) \tag{3-36}
$$

可以进一步推断出：似然方差越小，先验方差和后验方差之间的差距就越大。由于似然方差与质量改进活动试验规模成反比，因此质量改进活动试验规模的增加将扩大先验方差和后验方差之间的差距。

第五，将受质量改进活动决策影响的更新的弧时间和弧碳排放量整合，可得

$$
H_{ij}=\begin{cases}\sum_{m}\left(x_{im}K_{ij}\left|\overline{\kappa}_{im}\right.\right), & z_i=1\\ K_{ij}, & z_i=0\end{cases} \tag{3-37}
$$

以上公式集成了质量改进活动决策和贝叶斯更新。如果执行了一个质量改进活动（即 $z_i=1$，以及某个 $x_{im}=1$），则等式的右侧等于后验的弧时间和弧碳排放量。如果未执行任何质量改进活动（即 $z_i=0$，以及所有 $x_{im}=0$），则等式的右侧等于初始的弧时间和弧碳排放量。

3. GERT 网络中任意两个节点之间的等效参数

通过借鉴统计学领域中的矩母函数，以及控制学领域中的传递函数和梅森增益公式，本节将计算出 GERT 网络中任意两个节点之间的等效的贝叶斯更新的参数。

1）贝叶斯二元矩母函数

经典的二元矩母函数是两个随机变量的联合概率分布的函数。由于本节中的两个随机变量（即时间和碳排放量）是经过贝叶斯更新的参数，因此有以下定义。

定义 3-1　令 $M_{ij}^{H}(\Lambda)$ 为贝叶斯更新的参数向量 H_{ij}（包括时间 t_{ij} 和碳排放量

c_{ij} ）的二元矩母函数，称此二元矩母函数为贝叶斯二元矩母函数，其公式为

$$M_{ij}^{H}(\Lambda)=E\left(\mathrm{e}^{\Lambda^{\mathrm{T}}H_{ij}}\right)$$

其中，Λ 为两个虚拟变量 s_1 和 s_2 的向量，即 $\Lambda=\begin{pmatrix}s_1\\s_2\end{pmatrix}$。

通过参考 Hogg 和 Craig（1978）的证明，可以将贝叶斯二元矩母函数重写为

$$M_{ij}^{t,c}(s_1,s_2)=\begin{cases}\mathrm{e}^{\mu_{ij1|im}s_1+\mu_{ij2|im}s_2+\frac{\sigma_{ij1|im}^2 s_1^2+2\rho_{ij|im}\sigma_{ij1|im}\sigma_{ij2|im}s_1 s_2+\sigma_{ij2|im}^2 s_2^2}{2}}, & z_i=1\\ \mathrm{e}^{\mu_{ij1}s_1+\mu_{ij2}s_2+\frac{\sigma_{ij1}^2 s_1^2+2\rho_{ij}\sigma_{ij1}\sigma_{ij2}s_1 s_2+\sigma_{ij2}^2 s_2^2}{2}}, & z_i=0\end{cases} \tag{3-38}$$

其中，$\mu_{ij1|im}$ 和 $\sigma_{ij1|im}$ 分别为 $\Sigma_m\left(x_{im}q_{ij}\middle|\overline{\kappa}_{im}\right)$ 的均值和标准差；$\mu_{ij2|im}$ 和 $\sigma_{ij2|im}$ 分别为 $\Sigma_m\left(x_{im}r_{ij}\middle|\overline{\kappa}_{im}\right)$ 的均值和标准差；$\rho_{ij|im}$ 为 $\Sigma_m\left(x_{im}q_{ij}\middle|\overline{\kappa}_{im}\right)$ 和 $\Sigma_m\left(x_{im}r_{ij}\middle|\overline{\kappa}_{im}\right)$ 之间的相关系数。

将 $M_{ij}^{t}(s_1)$ 和 $M_{ij}^{c}(s_2)$ 分别定义为时间 t_{ij} 和碳排放量 c_{ij} 的贝叶斯一元矩母函数。通过参考 Hogg 和 Craig（1978）的证明，可以获得性质 3-3。

性质 3-3 贝叶斯二元矩母函数和贝叶斯一元矩母函数之间的关系如下：

$$M_{ij}^{t,c}(s_1,0)=M_{ij}^{t}(s_1) \tag{3-39}$$

$$M_{ij}^{t,c}(0,s_2)=M_{ij}^{c}(s_2) \tag{3-40}$$

然后，根据矩母函数的一个重要特征，即当虚拟变量等于零时，矩母函数的一阶导数等于一阶中心矩（即均值），可以进一步得到性质 3-4。

性质 3-4 贝叶斯二元矩母函数与贝叶斯更新的时间均值（碳排放量均值）之间的关系如下：

$$\frac{\mathrm{d}M_{ij}^{t,c}(s_1,0)}{\mathrm{d}s_1}\bigg|_{s_1=0}=E(t_{ij}) \tag{3-41}$$

$$\frac{\mathrm{d}M_{ij}^{t,c}(0,s_2)}{\mathrm{d}s_2}\bigg|_{s_2=0}=E(c_{ij}) \tag{3-42}$$

2）贝叶斯多元传递函数

在 GERT 网络的弧线上，经典的传递函数将多个参数集成到单个参数中，以降低网络的复杂性。由于本节中的弧参数是经过贝叶斯更新的，因此有以下定义。

定义 3-2 令 $W_{ij}^{t,c}(s_1,s_2)$ 表示集成弧 (i,j) 上的贝叶斯二元矩母函数 $M_{ij}^{t,c}(s_1,s_2)$ 和贝叶斯更新概率 π_{ij} 的传递函数。我们称其为贝叶斯多元传递函数，其公式为

$$W_{ij}^{t,c}(s_1,s_2)=\pi_{ij}M_{ij}^{t,c}(s_1,s_2) \tag{3-43}$$

性质 3-5 贝叶斯更新概率与贝叶斯多元传递函数之间的关系为

$$\pi_{ij}=W_{ij}^{t,c}(0,0) \tag{3-44}$$

将式（3-43）和式（3-44）合并，可以获得

$$M_{ij}^{t,c}(s_1,s_2)=\frac{W_{ij}^{t,c}(s_1,s_2)}{W_{ij}^{t,c}(0,0)} \tag{3-45}$$

将式（3-41）、式（3-42）和式（3-45）合并，可以获得性质3-6。

性质 3-6　贝叶斯更新的时间均值（或碳排放量均值）与贝叶斯二元矩母函数之间的关系如下：

$$E(t_{ij})=\frac{1}{W_{ij}^{t,c}(0,0)}\frac{\mathrm{d}W_{ij}^{t,c}(s_1,0)}{\mathrm{d}s_1}\Big|_{s_1=0} \tag{3-46}$$

$$E(c_{ij})=\frac{1}{W_{ij}^{t,c}(0,0)}\frac{\mathrm{d}W_{ij}^{t,c}(0,s_2)}{\mathrm{d}s_2}\Big|_{s_2=0} \tag{3-47}$$

3）梅森增益公式

在定义了贝叶斯二元矩母函数和贝叶斯多元传递函数之后，采用梅森增益公式（属于信号流图理论中的数学工具）来计算任意两个节点之间的等效的贝叶斯多元传递函数。假设 i 和 k 是任意两个节点，$i,k\in I$，$EW_{ik}^{t,c}(s_1,s_2)$ 表示 i 和 k 之间的等效的贝叶斯多元传递函数。则梅森增益公式可表示为

$$EW_{ik}^{t,c}(s_1,s_2)=\frac{\sum_f P_{ikf}\varDelta_{ikf}}{\varDelta} \tag{3-48}$$

其中，f 为前向路径的序列号（前向路径是从 i 到 k，并且不会多次通过任何其他节点的路径）；P_{ikf} 为总增益（总增益是在第 f 条前向路径上的所有贝叶斯多元传递函数的乘积）；$\varDelta_{ikf}$ 为通过从 GERT 网络中删除第 f 条前向路径（从 i 到 k）形成的子网络的行列式（子网络的行列式与下面所示的 GERT 网络的行列式求法相似）；$\varDelta$ 为 GERT 网络的行列式，其表达式为

$$\varDelta=1+\sum_n\sum_l(-1)^\eta L_l^\eta \tag{3-49}$$

其中，η 为 GERT 网络中环路的阶数（环路是指开始和结束都在同一节点；并且不多次通过任何其他节点的路径），η 阶环路是指 GERT 网络中的 η 个非连接回路的集合；l 为 η 阶环路的序列号，而 L_l^η 是在 GERT 网络中的第 l 条 η 阶环路的总增益。

4）任意两个节点之间的等效的经过贝叶斯更新的参数

在具有 XOR 节点的 GERT 网络中，任何网络结构都是串联、并行和自环基本网络的组合。可以通过将等效传递函数中的虚拟变量设置为零来获得任意两个节点之间的等效概率；可以通过先将等效传递函数对于虚拟变量求导，然后再将虚拟变量设置为零，来获得任意两个节点之间的等效时间或碳排放量，这在

Pritsker（1966）的研究中得到了证明。此外，梅森增益公式不会改变网络结构。

类似于 Pritsker（1966），性质 3-5 和性质 3-6 可以扩展为

$$\pi_{ik} = EW_{ik}^{t,c}(0,0) \tag{3-50}$$

$$E(t_{ik}) = \frac{1}{EW_{ik}^{t,c}(0,0)} \frac{\mathrm{d}EW_{ik}^{t,c}(s_1,0)}{\mathrm{d}s_1}\Big|_{s_1=0} \tag{3-51}$$

$$E(c_{ik}) = \frac{1}{EW_{ik}^{t,c}(0,0)} \frac{\mathrm{d}EW_{ik}^{t,c}(0,s_2)}{\mathrm{d}s_2}\Big|_{s_2=0} \tag{3-52}$$

其中，π_{ik} 为等效的经过贝叶斯更新的概率；$E(t_{ik})$ 为等效的经过贝叶斯更新的时间均值；$E(c_{ik})$ 为等效的经过贝叶斯更新的碳排放量均值。

3.2.2 乳制品质量链多目标优化模型与算法

本节在三层级 GERT 网络中建立了一个多目标模型，以同时追求总质量、总时间和总碳排放量的最优化。

1. 多维目标函数

从瓶装牛奶的生产过程角度来看，考虑三个目标，包括最大化总体质量、最小化总时间及最小化碳排放总量。将图 3-3 中的底层 GERT 网络视为一个大型节点，等价于中间层网络［图 3-3（b）］中的节点 13。节点 13 输出的参数是 $\pi_{13,7} = \pi_{5,7}\pi_{6,7}$，$t_{13,7} = \max\{t_{5,7}, t_{6,7}\}$，$c_{13,7} = \max\{c_{5,7}, c_{6,7}\}$。

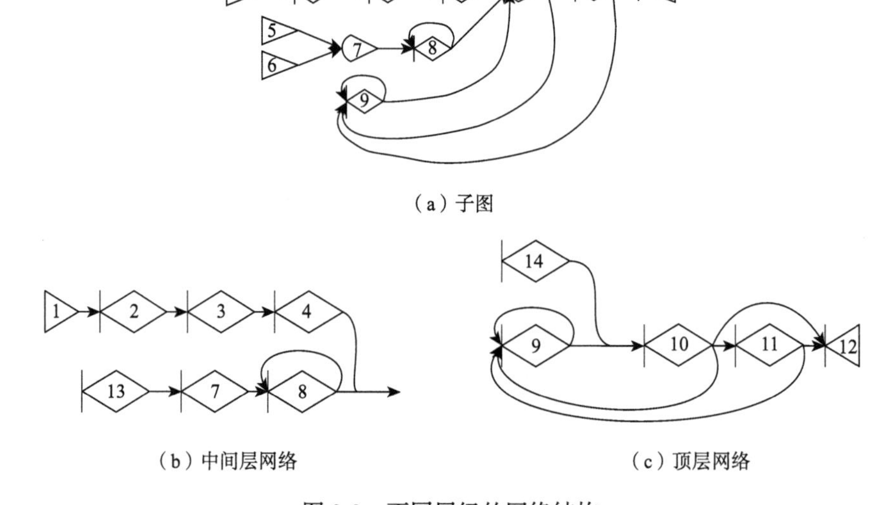

（a）子图

（b）中间层网络

（c）顶层网络

图 3-3 不同层级的网络结构

类似地，将中间层网络视为一个大型节点，等价于顶层网络［图 3-3（c）］中的节点 14。节点 14 输出的参数是 $\pi_{14,10}=\pi_{1,10}\pi_{13,10}$，$t_{14,10}=\max\left\{E\left(t_{1,10}\right),E\left(t_{13,10}\right)\right\}$，$c_{14,10}=\max\left\{E\left(c_{1,10}\right),E\left(c_{13,10}\right)\right\}$。

然后，考虑顶层网络（即整个网络）。弧（9，10）和弧（14，10）要合并成一个弧，这等于在闭环网络中通过弧（14，10）更新弧（9，10）的参数。注意，由于反馈弧（10，9）和反馈弧（11，9），以及自环弧（9，9）的存在，弧（9，10）的参数不仅受弧（14，10）的影响，还受弧（9，10）自身的影响。在此提出一种近似算法。

步骤 1：定义一个“代”向量，记为$\langle a_1,a_2\rangle$，其中$a_1\left(a_1=0,1,2,\cdots\right)$表示经过弧（14，10）更新后的代，$a_2\left(a_2=0,1,2,\cdots\right)$表示经过弧（9，10）自身更新后的代。将$\langle a_1,a_2\rangle$作为临时上标写在弧（9，10）的参数中，即$\left(\pi_{9,10}^{\langle a_1,a_2\rangle},t_{9,10}^{\langle a_1,a_2\rangle},c_{9,10}^{\langle a_1,a_2\rangle}\right)$。

步骤 2：将弧（9，10）由质量改进活动决策影响后的，经过贝叶斯更新后的概率、时间和碳排放量作为初始代，记为$\left(\pi_{9,10}^{\langle 0,0\rangle},t_{9,10}^{\langle 0,0\rangle},c_{9,10}^{\langle 0,0\rangle}\right)=\left(\pi_{9,10},t_{9,10},c_{9,10}\right)$。

步骤 3：更新当前的代，将获得下一代的两个个体。

步骤 3.1：用弧（14，10）更新当前代。我们将获得下一代的第一个个体，其参数为

$$\pi_{9,10}^{\langle a_1+1,a_2\rangle}=\pi_{9,10}^{\langle a_1,a_2\rangle}\pi_{14,10},\quad t_{9,10}^{\langle a_1+1,a_2\rangle}=\max\left\{t_{9,10}^{\langle a_1,a_2\rangle},t_{14,10}\right\},\quad c_{9,10}^{\langle a_1+1,a_2\rangle}=\max\left\{c_{9,10}^{\langle a_1,a_2\rangle},c_{14,10}\right\}$$

步骤 3.2：用弧（9，10）自身更新下一代的第一个个体。我们将获得下一代的第二个个体。使用贝叶斯-GERT 方法，可获得其参数为

$$\left(\pi_{9,10}^{\langle a_1+1,a_2+1\rangle},t_{9,10}^{\langle a_1+1,a_2+1\rangle},c_{9,10}^{\langle a_1+1,a_2+1\rangle}\right)$$

步骤 4：评估同一代两个个体之间的差距，并决定是否继续下一次迭代。设θ为阈值，如果差距满足以下条件则表示满意。

$$\max\left\{\frac{\left|\pi_{9,10}^{\langle a_1+1,a_2+1\rangle}-\pi_{9,10}^{\langle a_1+1,a_2\rangle}\right|}{\pi_{9,10}^{\langle a_1+1,a_2\rangle}},\frac{\left|t_{9,10}^{\langle a_1+1,a_2+1\rangle}-t_{9,10}^{\langle a_1+1,a_2\rangle}\right|}{t_{9,10}^{\langle a_1+1,a_2\rangle}},\frac{\left|c_{9,10}^{\langle a_1+1,a_2+1\rangle}-c_{9,10}^{\langle a_1+1,a_2\rangle}\right|}{c_{9,10}^{\langle a_1+1,a_2\rangle}}\right\}\leqslant 0 \tag{3-53}$$

于是停止迭代，将$\left(\pi_{9,10},t_{9,10},c_{9,10}\right)$记为$\left(\pi_{9,10}^{\langle a_1+1,a_2+1\rangle},t_{9,10}^{\langle a_1+1,a_2+1\rangle},c_{9,10}^{\langle a_1+1,a_2+1\rangle}\right)$。否则，记$a_1=a_1+1$，$a_2=a_2+1$，然后重复步骤 3。

最终构建了以下三个目标函数：

$$G_1=\max\ \pi_{9,12} \tag{3-54}$$

$$G_2=\min E\left(t_{9,12}\right) \tag{3-55}$$

$$G_3=\min E\left(c_{9,12}\right) \tag{3-56}$$

2. 定制的多目标粒子群算法

上述模型表现为多目标非线性随机动态规划模型。当问题规模较大时，用普通的数学软件来求解这种模型是费时的，有时是棘手的。为了加快对可行的非支配解的搜索并更快地绘制帕累托前沿，我们采用了一种定制的多目标粒子群算法，该方法结合使用了多种方法，包括多目标粒子群算法、投票策略算法、近似算法及基于贝叶斯更新的 GERT 网络算法。

1）基于投票策略算法的决策变量编码

经典的多目标粒子群算法涉及一个迭代程序，在该程序中，粒子 $u(u=0,1,2,\cdots,U)$ 在第 w 次迭代中以位置 X_u^w 和速度 V_u^w 在多维空间中移动。每个粒子总是不断地搜索并更新其各自的最佳位置 P_u^w 和全局最佳位置 P_{best}^w（Govindan et al.，2014；Moslemi and Zandieh，2011；Tabrizi et al.，2018）。由于粒子包含所有决策变量的信息，因此本节中的 X_u^w、V_u^w、P_u^w 和 P_{best}^w 都是 $(1+\Sigma_i\Omega_i)\times 1$ 维向量。但是，两种类型的决策变量（即定位变量和分配变量）都是二进制变量，它们之间通过式（3-4）相互关联。因此，对两种类型的变量直接使用二进制编码将导致太多不可行的解决方案。在这种情况下，本节提出一种投票策略算法。

A. 粒子的初始化

首先，将二进制值 0 或 1 随机赋值给每个节点，这表示是否定位了一个节点来执行质量改进活动。然后，为被定位节点的每个质量改进活动候选者随机提供一个票数（非负实数）。拥有最多票数的质量改进活动候选者将赢得选举，即此质量改进活动候选者将在事先定位的节点中执行。使用这种策略，式（3-4）可等价转换为

$$x_{im}=\begin{cases} z_i, & v_{im}=\max_m v_{im} \\ 0, & v_{im}\neq \max_m v_{im} \end{cases} \tag{3-57}$$

其中，v_{im} 为质量改进活动候选者 ω_{im} 的票数。

因此，粒子的位置向量被分为两个子向量（即离散子向量 X_{u1}^w 和连续子向量 X_{u2}^w），表示为

$$X_u^w=\begin{bmatrix} X_{u1}^w \\ X_{u2}^w \end{bmatrix} \tag{3-58}$$

其中，

$$X_{u1}^w=\left[z_1,\cdots,z_I\right]^{\mathrm{T}} \tag{3-59}$$

$$X_{u2}^w=\left[v_{11},\cdots,v_{1\Omega_1},v_{21},\cdots,v_{2\Omega_2},\cdots,v_{I1},\cdots,v_{I\Omega_I}\right]^{\mathrm{T}} \tag{3-60}$$

类似地，粒子的速度向量也被分为两个子向量（即离散子向量 V_{u1}^w 和连续子向量 V_{u2}^w），表示为

$$V_u^w = \begin{bmatrix} V_{u1}^w \\ V_{u2}^w \end{bmatrix} \tag{3-61}$$

B. 粒子的更新

不失一般性，粒子的速度通过式（3-62）进行更新：

$$V_u^{w+1} = \varpi V_u^w + c_1 R\left(P_u^w - X_u^w\right) + c_2 R\left(P_{\text{best}}^w - X_u^w\right) \tag{3-62}$$

其中，R 为随机生成的 0 到 1 之间的数；ϖ 为具有与迭代时间相关的阻尼率的惯性权重；c_1 和 c_2 为学习因子。

与速度更新不同，位置更新取决于位置向量的子向量类型。就离散子向量而言，采用 Sigmoid 函数将更新后速度的离散子向量转换为与位置相关的概率，公式为

$$\varphi_u^{w+1} = \frac{1}{1 + \mathrm{e}^{-V_{u1}^{w+1}}} \tag{3-63}$$

然后，位置向量的离散子向量通过式（3-64）进行更新：

$$X_{u1}^{w+1} = \begin{cases} 1, & R \leqslant \varphi_{u1}^{w+1} \\ 0, & 其他 \end{cases} \tag{3-64}$$

就连续子向量而言，更新后的结果是

$$X_{u2}^{w+1} = X_{u2}^w + V_{u2}^{w+1} \tag{3-65}$$

2）算法步骤

图 3-4 显示了定制的多目标粒子群算法如何集成经典的多目标粒子群算法、投票策略、近似方法和基于贝叶斯更新的 GERT 网络算法。

3.2.3 乳制品质量链多目标优化算例分析

1. 案例描述

将本节中的模型和方法应用于案例研究。某乳制品制造企业拥有成熟且自有的生产线，并积累了大量的乳制品生产经验和历史数据。瓶装牛奶的生产步骤（图 3-3 所示的三层级 GERT 网络）是相对固定的，但是网络弧线上的参数（包括质量、时间和碳排放）有待进一步优化。表 3-1 列出了候选的质量改进活动，表 3-2 列出了它们的属性。企业决策者尝试执行质量改进活动来更新弧参数的原始属性。如表 3-3 所示，这些弧参数的原始属性显示了瓶装牛奶生产线的现状。质量改进活动不仅可以是单一的机械化操作或食品质量安全技术，还可以是它们的组合。此外，质量改进活动将影响弧参数的值，其影响效果由表 3-4 中所示的

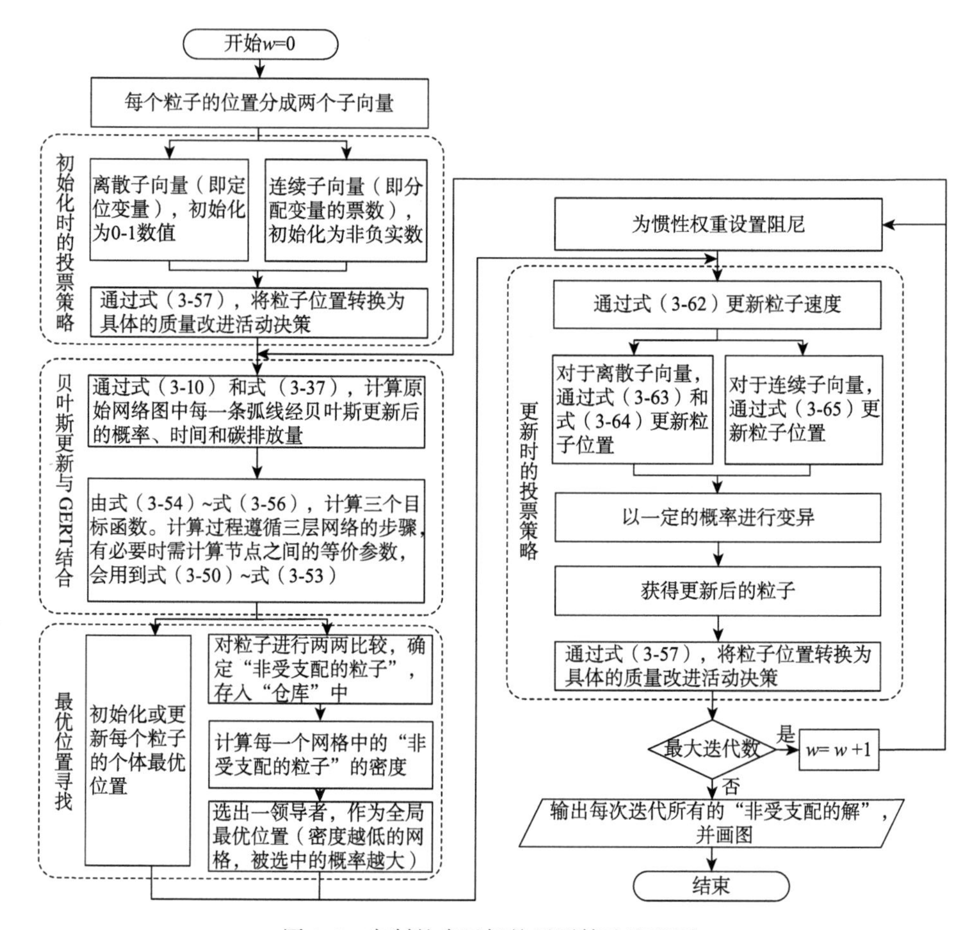

图 3-4 定制的多目标粒子群算法流程图

关系数据库记录。目前企业决策者面临如何做出最优质量改进活动决策，以提出可持续的质量管理计划的难题。其他参数包括最大迭代次数为 300，粒子种群大小为200，非支配解集种群大小为150，惯性权重为1且其阻尼系数为0.99，两个学习因子均为 1.5，近似方法中的差距阈值为 0.01。定制的多目标粒子群算法由 MATLAB R2017b 在具有 8 GB RAM 的 3.4 GHz 笔记本电脑上进行编码。

2. 多目标之间的权衡

在 MATLAB R2017b 运行 359 秒后，获得帕累托前沿（图 3-5）。由于三个目标的存在，帕累托前沿呈现为具有倾斜形状的曲面，我们将其称为“帕累托前沿曲面”，并将组成该曲面的星形点称为“全局非支配解”。

表3-1 每个节点的候选的质量改进活动

质量改进活动	1	2	3	4	5	6	7	8	9	10	11
1	①草料检测	①使用净化机	①超高温瞬时灭菌	①用机器灌装	①感官检测	①防腐剂检测	①使用灭菌机	①用机器灌装	①用机器灌装	①超高温瞬时灭菌	①低温运输
2	②训练饲养员	②酒精试验	②微生物检测	②检测铅罐	②微生物检测	②农残检测	②微生物检测	②微生物检测	②瓶子灭菌	②Microbial tests	②低温存储
3	③抗生素检测	③使用均质机	③训练操作员	③训练操作员	③矿物质检测	③保鲜包装	③训练操作员	③低温灌装	③低温灌装	③训练操作员	③保护性包装
4	④机器挤奶	④低温存储	④清洁车间	④低温灌装	④低温存储	④低温存储	④车间灭菌	④改进循环	④改进循环	④改进循环	④改进循环
5	①+②	①+②	①+②	①+②	①+②	①+②	①+②	①+②	①+②	①+②	①+②
6	①+③	①+③	①+③	①+③	①+③	①+③	①+③	①+③	①+③	①+③	①+③
7	①+④	①+④	①+④	①+④	①+④	①+④	①+④	①+④	①+④	①+④	①+④
8	②+③	②+③	②+③	②+③	②+③	②+③	②+③	②+③	②+③	②+③	②+③
9	②+④	②+④	②+④	②+④	②+④	②+④	②+④	②+④	②+④	②+④	②+④
10	③+④	③+④	③+④	③+④	③+④	③+④	③+④	③+④	③+④	③+④	③+④
11	①+②+③	①+②+③	①+②+③	①+②+③	①+②+③	①+②+③	①+②+③	①+②+③	①+②+③	①+②+③	①+②+③
12	①+②+④	①+②+④	①+②+④	①+②+④	①+②+④	①+②+④	①+②+④	①+②+④	①+②+④	①+②+④	①+②+④
13	①+③+④	①+③+④	①+③+④	①+③+④	①+③+④	①+③+④	①+③+④	①+③+④	①+③+④	①+③+④	①+③+④
14	②+③+④	②+③+④	②+③+④	②+③+④	②+③+④	②+③+④	②+③+④	②+③+④	②+③+④	②+③+④	②+③+④
15	①+②+③+④	①+②+③+④	①+②+③+④	①+②+③+④	①+②+③+④	①+②+③+④	①+②+③+④	①+②+③+④	①+②+③+④	①+②+③+④	①+②+③+④

表3-2 每个节点候选的质量改进活动的属性

质量改进活动	1	2	3	4	5	6	7	8	9	10	11
1	300，50，0.5 6.54，1.09	300，50，0.4 13.08，2.18	5，0.83，0.45 10.9，1.82	5，0.83，0.6 0.22，0.04	200，33.33， 0.7 4.36，0.73	120，20， 0.55 2.62，0.44	60，10，0.25 26.16，4.36	5，0.83，0.3 0.22，0.04	5，0.83，0.2 0.22，0.04	5，0.83，0.6 10.9，1.82	600，100， 0.35 100，16.67
2	600，100， 0.6 1，0.17	180，30，0.7 0.39，0.07	300，50，0.7 6.54，1.09	60，10，0.4 1.31，0.22	300，50， 0.55 6.54，1.09	60，10，0.3 1.31，0.22	300，50，0.5 6.54，1.09	300，50， 0.55 6.54，1.09	60，10，0.4 26.16，4.36	300，50， 0.55 6.54，1.09	100，17，0.3 13.63，2.27
3	60，10，0.55 1.31，0.22	400，67， 0.65 17.44，2.91	500，83， 0.35 1，0.17	500，83，0.8 1，0.17	400，67，0.5 8.72，1.45	90，15，0.55 2，0.33	500，83， 0.45 1，0.17	120，20， 0.35 16.35，2.73	90，15，0.6 12.26，2.04	500，83，0.7 1，0.17	90，15，0.5 2，0.33
4	5，0.83，0.3 0.55，0.09	900，150， 0.7 122，20.33	600，100， 0.5 6.81，1.14	60，10，0.3 8.13，1.36	60，10，0.3 8.13，1.36	70，12，0.65 9.5，1.58	600，100， 0.8 6.81，1.14	120，20， 0.45 3.92，0.65	90，15，0.3 2.94，0.49	80，13，0.4 2.62，0.44	70，11，0.3 2.29，0.38
5	900，150， 0.55 7.54，1.26	480，80，0.3 13.47，2.25	305，51， 0.55 17.44，2.91	65，11，0.35 1.53，0.26	500，83， 0.35 10.9，1.82	180，30，0.6 3.93，0.66	360，60， 0.35 32.7，5.45	305，51，0.5 6.76，1.13	65，11，0.55 26.38，4.4	305，51，0.3 17.44，2.91	700，117， 0.45 113.63，18.94
6	360，60，0.4 7.85，1.31	700，117， 0.75 30.52，5.09	505，84， 0.75 11.9，1.98	505，84，0.5 1.22，0.2	600，100， 0.6 13.08，2.18	210，35，0.7 4.62，0.77	560，93，0.5 27.16，4.53	125，21， 0.45 16.57，2.76	95，16，0.5 12.48，2.08	505，84，0.6 11.9，1.98	690，115，0.7 102，17
7	305，51， 0.45 7.09，1.18	1200，200， 0.65 135.08，22.51	605，101， 0.6 17.71，2.95	65，11，0.55 8.35，1.39	260，43，0.3 12.49，2.08	190，32，0.5 12.12，2.02	660，110， 0.65 32.97，5.5	125，21，0.7 4.14，0.69	95，16，0.3 3.16，0.53	85，14，0.5 13.52，2.25	670，112，0.6 102.29，17.05
8	660，110， 0.6 2.31，0.39	580，97，0.5 17.83，2.97	800，133， 0.5 7.54，1.26	560，93，0.8 2.31，0.39	700，117， 0.75 15.26，2.54	150，25， 0.45 3.31，0.55	800，133， 0.8 7.54，1.26	420，70，0.5 22.89，3.82	150，25，0.4 38.42，6.4	800，133， 0.75 7.54，1.26	190，32，0.5 15.63，2.61
9	605，101， 0.5 1.55，0.26	1080，180， 0.8 122.39，20.4	900，150， 0.35 13.35，2.23	120，20， 0.65 9.44，1.57	360，60，0.7 14.67，2.45	130，22，0.3 10.81，1.8	900，150， 0.35 13.35，2.23	420，70， 0.75 10.46，1.74	150，25，0.6 29.1，4.85	380，63，0.3 9.16，1.53	170，28，0.8 15.92，2.65
10	65，11，0.8 1.86，0.31	1300，217， 0.6 139.44，23.24	1100，183， 0.4 7.81，1.3	560，93， 0.85 9.13，1.52	460，77， 0.55 16.85，2.81	160，27，0.8 11.5，1.92	1100，183， 0.5 7.81，1.3	240，40，0.4 20.27，3.38	180，30， 0.65 15.2，2.53	580，97，0.7 3.62，0.6	160，27， 0.85 4.29，0.72

续表

质量改进活动	1	2	3	4	5	6	7	8	9	10	11
11	960，160， 0.6 8.85，1.48	880，147， 0.65 30.91，5.15	805，134， 0.8 18.44，3.07	565，94，0.7 2.53，0.42	900，150， 0.5 19.62，3.27	270，45， 0.45 5.93，0.99	860，143， 0.75 33.7，5.62	425，71，0.8 23.11，3.85	155，26， 0.45 38.64，6.44	805，134， 0.5 18.44，3.07	790，132， 0.6 115.63，19.27
12	905，151， 0.4 8.09，1.35	1380，230， 0.7 135.47，22.58	905，151， 0.7 24.25，4.04	125，21，0.5 9.66，1.61	560，93， 0.75 19.03，3.17	250，42，0.5 13.43，2.24	960，160， 0.55 39.51，6.59	425，71， 0.65 10.68，1.78	155，26，0.8 29.32，4.89	385，64， 0.85 20.06，3.34	770，128， 0.5 115.92，19.32
13	365，61， 0.85 8.4，1.4	1600，267， 0.8 152.52，25.42	1105，184， 0.85 18.71，3.12	565，94，0.7 9.35，1.56	660，110， 0.4 21.21，3.54	280，47， 0.65 14.12，2.35	1160，193， 0.85 33.97，5.66	245，41， 0.55 20.49，3.42	185，31，0.7 15.42，2.57	585，98，0.5 14.52，2.42	760，127， 0.75 104.29，17.38
14	665，111， 0.7 2.86，0.48	1480，247， 0.85 139.83，23.31	1400，233， 0.75 14.35，2.39	620，103， 0.75 10.44，1.74	760，127， 0.8 23.39，3.9	220，37，0.5 12.81，2.14	1400，233， 0.6 14.35，2.39	540，90，0.5 26.81，4.47	240，40，0.4 41.36，6.89	880，147， 0.4 10.16，1.69	260，43，0.8 17.92，2.99
15	965，161， 0.8 9.4，1.57	1780，297， 0.6 152.91，25.49	1405，234， 0.45 25.25，4.21	625，104， 0.5 10.66，1.78	960，160， 0.5 27.75，4.63	340，57，0.8 15.43，2.57	1460，243， 0.75 40.51，6.75	545，91，0.7 27.03，4.51	245，41， 0.85 41.58，6.93	885，148， 0.6 21.06，3.51	860，143， 0.7 117.92，19.65

注：每个单元格依次列出的数据为$\theta_{im1},\tau_{im1},v_{im1},\theta_{im2},\tau_{im2}$

表3-3　弧参数的属性

弧线	1，2	1，0	2，3	2，0	3，4	3，0	4，10	4，0	5，7	5，0	6，7	6，0	7，8	7，0
α_{ij}	19	3	23	3	26	4	25	3	25	2	22	3	34	4
$\mu_{ij1}(s)$	30		900		1 000		60		60		70		720	
$\sigma_{ij1}(s)$	5		150		160		10		10		12		120	
$\mu_{ij2}(g)$	0.06		30		33		0.12		2.62		3		24	
$\sigma_{ij2}(g)$	0.01		5		5.5		0.02		0.44		0.5		4	
ρ_{ij}	0.15		0.62		0.65		0.18		0.76		0.78		0.63	

弧线	8，8	8，10	8，0	9，9	9，10	9，0	10，9	10，11	10，12	10，0	11，9	11，12	11，0
α_{ij}	18	29	4	19	25	3	9	18	13	3	9	20	3
$\mu_{ij1}(s)$	120	60		90	60		90	900	120		80	100	
$\sigma_{ij1}(s)$	20	10		15	10		15	150	20		13	16	
$\mu_{ij2}(g)$	2.62	0.12		2	0.12		2	30	1.6		1.8	1.2	
$\sigma_{ij2}(g)$	0.44	0.02		0.33	0.02		0.33	5	0.25		0.3	0.2	
ρ_{ij}	0.45	0.19		0.42	0.13		0.48	0.64	0.31		0.46	0.35	

表 3-4 质量改进活动与弧参数之间的关系数据

质量改进活动	1，2	2，3	3，4	4，10	5，7	6，7	7，8	8，8	8，10	9，9	9，10	10，9	10，11	10，12	11，9	11，12
1	0.91，33	0.25，33	0.01，1	1，1	0.77，22	0.63，13	0.08，7	0.08，1	1，1	0.14，1	1，1	0.05，1	0.01，1	0.04，1	0.88，60	0.86，67
	0.99，0.73	0.30，1.45	0.25，1.21	0.65，0.02	0.62，0.48	0.47，0.29	0.52，2.91	0.08，0.02	0.65，0.02	0.1，0.02	0.65，0.02	0.84，1.09	0.27，1.21	0.87，1.15	0.98，10	0.99，11.1
	0.41，1.3	0.77，1.3	0.93，1.9	0.75，1.3	0.45，1.1	0.42，1.1	0.92，1.8	0.69，1.1	0.77，1.2	0.65，1.1	0.72，1.2	0.86，1	0.96，1	0.77，1.8	0.81，1.1	0.9，1.7
2	0.95，67	0.17，20	0.23，33	0.50，7	0.83，33	0.46，7	0.29，33	0.71，30	0.83，33	0.40，6	0.5，7	0.77，30	0.25，33	0.71，32	0.56，10	0.5，11
	0.94，0.11	0.01，0.04	0.17，0.73	0.92，0.15	0.71，0.73	0.3，0.15	0.21，0.73	0.71，0.65	0.98，0.73	0.93，2.62	1，2.91	0.77，0.65	0.18，0.73	0.8，0.69	0.88，1.36	0.92，1.51
	0.19，1.1	0.13，1.1	0.46，1.3	0.43，1.2	0.45，1.3	0.44，1.2	0.49，1.3	0.41，1	0.45，1.3	0.85，1	0.95，1.6	0.39，1	0.43，1.3	0.35，1.3	0.78，1.1	0.86，1.6
3	0.67，7	0.31，44	0.33，56	0.89，56	0.87，44	0.56，10	0.41，56	0.5，12	0.67，13	0.5，9	0.6，10	0.85，50	0.36，56	0.81，53	0.53，9	0.47，10
	0.96，0.15	0.37，1.94	0.03，0.11	0.89，0.11	0.77，0.97	0.4，1.22	0.04，0.11	0.86，1.64	0.99，1.82	0.86，1.23	0.99，1.36	0.33，0.1	0.03，0.11	0.38，0.11	0.53，0.2	0.63，0.22
	0.44，1.2	0.73，1.5	0.14，1.1	0.15，1.1	0.42，1.2	0.48，1.3	0.12，1.1	0.78，1.1	0.87，1.9	0.78，1.2	0.87，1.7	0.1，1.1	0.11，1.1	0.09，1.1	0.45，1.2	0.5，1.2
4	1，1	0.50，100	0.38，67	0.5，7	0.5，7	0.5，8	0.45，67	0.5，12	0.67，13	0.5，9	0.6，10	0.47，8	0.08，9	0.4，8	0.47，7	0.41，8
	0.90，0.06	0.8，13.56	0.17，0.76	0.99，0.9	0.76，0.9	0.76，1.06	0.22，0.76	0.6，0.39	0.97，0.44	0.6，0.29	0.96，0.33	0.57，0.26	0.08，0.29	0.62，0.28	0.56，0.23	0.66，0.25
	0.71，1.9	0.90，1.7	0.34，1.2	0.82，1.8	0.88，1.8	0.86，1.8	0.31，1.2	0.63，1.3	0.7，1	0.56，1.4	0.62，1	0.58，1.4	0.64，1	0.52，1	0.56，1.4	0.62，1.0
5	0.97，100	0.35，53	0.23，34	1，7	0.89，56	0.72，20	0.33，40	0.84，31	1，34	0.68，7	1，7	0.77，31	0.25，34	0.72，32	0.9，70	0.88，78
	0.99，0.84	0.31，1.50	0.35，1.94	0.93，0.17	0.81，1.21	0.57，0.44	0.58，3.63	0.72，0.68	0.98，0.75	0.93，2.64	1，2.93	0.90，1.74	0.37，1.94	0.92，1.84	0.98，11.4	0.99，12.6
	0.12，1.4	0.48，1.4	0.70，2.2	0.44，1.5	0.49，1.4	0.45，1.3	0.74，2.1	0.36，1.1	0.4，1.5	0.87，1.1	0.96，1.8	0.63，1	0.7，1.3	0.56，2.1	0.75，1.2	0.83，2.3
6	0.92，40	0.44，78	0.34，56	1，56	0.91，67	0.75，23	0.44，62	0.68，13	1，14	0.76，10	1，11	0.85，51	0.36，56	0.81，53	0.90，69	0.87，77
	0.99，0.87	0.50，3.39	0.27，1.32	0.91，0.14	0.83，1.45	0.61，0.51	0.53，3.02	0.86，1.66	0.99，1.84	0.86，1.25	0.99，1.39	0.86，1.19	0.28，1.32	0.88，1.25	0.98，10.2	0.99，11.3
	0.44，1.5	0.71，1.8	0.45，2	0.11，1.4	0.49，1.3	0.49，1.4	0.77，1.9	0.74，1.2	0.82，2.1	0.76，1.3	0.85，1.9	0.39，1.1	0.44，1.1	0.35，1.9	0.8，1.3	0.89，1.9

续表

质量改进活动	1，2	2，3	3，4	4，10	5，7	6，7	7，8	8，8	8，10	9，9	9，10	10，9	10，11	10，12	11，9	11，12
7	1，34	0.57，133	0.38，67	1，7	0.81，29	0.73，21	0.48，73	0.68，13	1，14	0.76，10	1，11	0.49，9	0.09，9	0.41，9	0.89，67	0.87，74
	0.99，0.79	0.82，15	0.35，1.97	0.99，0.93	0.83，1.39	0.80，1.35	0.58，3.66	0.61，0.41	0.97，0.46	0.61，0.32	0.96，0.35	0.87，1.35	0.31，1.5	0.89，1.42	0.98，10.2	0.99，11.4
	0.43，2.2	0.87，2	0.46，2.1	0.82，2.1	0.77，1.9	0.78，1.9	0.78，2	0.58，1.4	0.65，1.2	0.57，1.5	0.63，1.2	0.75，1.4	0.83，1	0.66，1.8	0.73，1.5	0.81，1.7
8	0.96，73	0.39，64	0.44，89	0.90，62	0.92，78	0.68，17	0.53，89	0.78，42	0.88，47	0.63，15	0.71，17	0.9，80	0.47，89	0.87，84	0.7，19	0.66，21
	0.97，0.26	0.37，1.98	0.19，0.84	0.95，0.26	0.85，1.7	0.52，0.37	0.24，0.84	0.90，2.29	0.99，2.54	0.95，3.84	1，4.27	0.79，0.75	0.2，0.84	0.82，0.79	0.90，1.56	0.93，1.74
	0.16，1.3	0.45，1.6	0.10，1.4	0.18，1.3	0.44，1.5	0.42，1.5	0.19，1.4	0.70，1.1	0.78，2.2	0.85，1.2	0.95，2.3	0.17，1.1	0.19，1.4	0.15，1.4	0.69，1.3	0.76，1.8
9	1，67	0.55，120	0.47，100	0.67，13	0.86，40	0.65，14	0.56，100	0.78，42	0.88，47	0.63，15	0.71，17	0.81，38	0.3，42	0.76，40	0.68，17	0.63，19
	0.96，0.17	0.80，13.6	0.29，1.48	0.99，1.05	0.85，1.63	0.78，1.20	0.36，1.48	0.80，1.05	0.99，1.16	0.94，2.91	1，3.23	0.82，0.92	0.23，1.02	0.85，0.96	0.90，1.59	0.93，1.77
	0.16，2	0.83，1.8	0.34，1.5	0.7，2	0.62，2.1	0.8，2	0.3，1.5	0.39，1.3	0.44，1.3	0.72，1.4	0.8，1.6	0.37，1.4	0.41，1.3	0.33，1.3	0.68，1.5	0.76，1.6
10	1，7	0.59，144	0.52，122	0.9，62	0.88，51	0.7，18	0.6，122	0.67，24	0.8，27	0.67，18	0.75，20	0.87，58	0.39，64	0.83，61	0.67，16	0.62，18
	0.97，0.21	0.82，15.5	0.19，0.87	0.99，1.01	0.87，1.87	0.79，1.28	0.25，0.87	0.89，2.03	0.99，2.25	0.88，1.52	0.99，1.69	0.64，0.36	0.11，0.4	0.69，0.38	0.7，0.43	0.78，0.48
	0.49，2.1	0.78，2.2	0.19，1.3	0.33，1.9	0.68，2	0.72，2.1	0.2，1.3	0.66，1.4	0.74，1.9	0.66，1.6	0.74，1.7	0.1，1.5	0.11，1.1	0.09，1.1	0.43，1.6	0.47，1.2
11	0.97，107	0.49，98	0.45，89	1，63	0.94，100	0.79，30	0.54，96	0.88，43	1，47	0.84，16	1，17	0.9，81	0.47，89	0.87，85	0.91，79	0.89，88
	0.99，0.98	0.51，3.43	0.36，2.05	0.95，0.28	0.88，2.18	0.66，0.66	0.58，3.74	0.9，2.31	0.99，2.57	0.95，3.86	1，4.29	0.9，1.84	0.38，2.05	0.92，1.94	0.98，11.6	0.99，12.9
	0.13，1.6	0.62，1.9	0.41，2.5	0.16，1.6	0.43，1.6	0.47，1.6	0.63，2.2	0.64，1.2	0.71，2.4	0.85，1.3	0.94，2.5	0.41，1.1	0.46，1.4	0.37，2.2	0.81，1.4	0.9，2.5
12	1，101	0.61，153	0.48，101	1，14	0.9，62	0.78，28	0.57，107	0.88，43	1，47	0.84，16	1，17	0.81，39	0.3，43	0.76，41	0.91，77	0.89，86
	0.99，0.9	0.82，15.1	0.42，2.69	0.99，1.07	0.88，2.11	0.82，1.49	0.62，4.39	0.8，1.07	0.99，1.19	0.94，2.93	1，3.26	0.91，2.01	0.4，2.23	0.93，2.11	0.98，11.6	0.99，12.9
	0.11，2.3	0.76，2.1	0.41，2.4	0.77，2.3	0.63，2.2	0.71，2.1	0.7，2.3	0.4，1.4	0.45，1.5	0.75，1.5	0.84，1.8	0.7，1.4	0.78，1.3	0.62，2.1	0.8，1.6	0.88，2.3

续表

质量改进活动	1，2	2，3	3，4	4，10	5，7	6，7	7，8	8，8	8，10	9，9	9，10	10，9	10，11	10，12	11，9	11，12
	1，41	0.64，178	0.52，123	1，63	0.92，73	0.8，31	0.62，129	0.8，25	1，27	0.86，19	1，21	0.87，59	0.39，65	0.83，62	0.9，76	0.88，84
13	0.99，0.93	0.84，17	0.36，2.08	0.99，1.04	0.89，2.36	0.82，1.57	0.59，3.77	0.89，2.05	0.99，2.28	0.89，1.54	0.99，1.71	0.88，1.45	0.33，1.61	0.9，1.53	0.98，10.4	0.99，11.6
	0.44，2.4	0.72，2.5	0.31，2.2	0.37，2.2	0.61，2.1	0.78，2.2	0.49，2.1	0.7，1.5	0.78，2.1	0.71，1.7	0.78，1.9	0.43，1.5	0.48，1.1	0.38，1.9	0.75，1.7	0.83，1.9
	1，74	0.62，164	0.58，156	0.91，69	0.93，84	0.76，24	0.66，156	0.82，54	0.9，60	0.73，24	0.8，27	0.91，88	0.49，98	0.88，93	0.76，26	0.72，29
14	0.98，0.32	0.82，15.5	0.3，1.59	0.99，1.16	0.90，2.6	0.81，1.42	0.37，1.59	0.91，2.68	1，2.98	0.95，4.14	1，4.6	0.84，1.02	0.25，1.13	0.86，1.07	0.91，1.79	0.94，1.99
	0.11，2.2	0.72，2.3	0.37，1.6	0.33，2.1	0.43，2.3	0.74，2.3	0.31，1.6	0.68，1.4	0.75，2.2	0.75，1.6	0.83，2.3	0.32，1.5	0.35，1.4	0.28，1.4	0.71，1.7	0.78，1.8
	1，107	0.66，198	0.58，156	1，69	0.94，107	0.83，38	0.67，162	0.9，55	1，61	0.89，25	1，27	0.91，89	0.5，98	0.88，93	0.91，86	0.9，96
15	0.99，1.04	0.84，17	0.43，2.81	0.99，1.18	0.91，3.08	0.84，1.71	0.63，4.5	0.91，2.7	1，3	0.95，4.16	1，4.62	0.91，2.11	0.41，2.34	0.93，2.22	0.98，11.8	0.99，13.1
	0.2，2.5	0.79，2.6	0.36，2.5	0.39，2.4	0.43，2.4	0.77，2.4	0.41，2.4	0.70，1.5	0.78，2.4	0.75，1.7	0.83，2.5	0.38，1.5	0.43，1.4	0.34，2.2	0.76，1.8	0.85，2.5

注：每个单元格依次列出的数据为 $\theta_{im1|ij},\tau_{im1|ij},\theta_{im2|ij},\tau_{im2|ij},v_{im|ij},\lambda_{imi}$

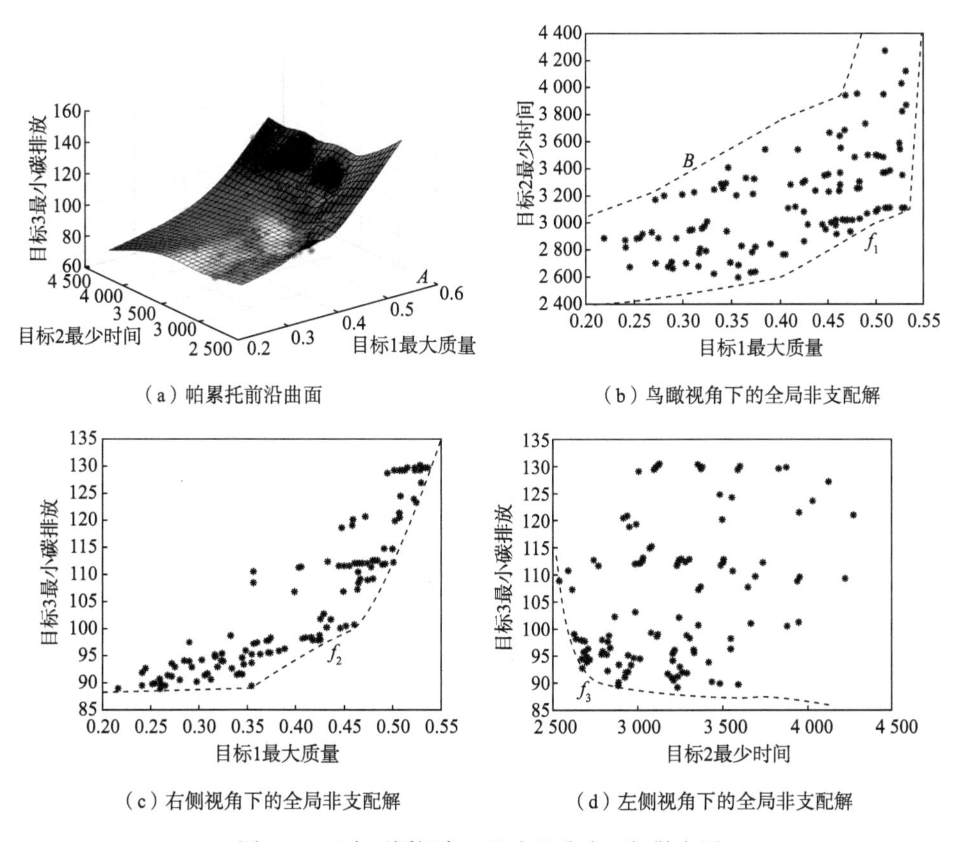

图3-5　四个不同视角下的全局非支配解散点图

通过从原始的三维图［图3-5（a）］中省略一维，可以获得一些见解。图3-5（b）~（d）从不同的视角展示了全局非支配解散点图。在这些子图中，还绘制了帕累托前沿，将其称为“帕累托前沿曲线”，将组成该曲线的星形点称为“局部非支配解”。请注意，这些子图中的所有星形点仍为全局非支配解，但就当前子图而言，不一定是局部非支配解。在图3-5（b）中，大部分粒子分布在帕累托前沿曲线f_1和一条与其近似平行的曲线B之间的区域中，这意味着可以在不同的碳排放限制水平下实现质量和时间之间的最优平衡。但是，这也意味着决策者在给定一个必须接受的碳排放限制水平时，可以在质量和时间之间取得次优平衡。

此外，图3-5（c）表明绝大部分全局非支配解很接近帕累托前沿曲线f_2，这意味着质量和碳排放之间的最佳平衡可以同时保证实现及时性。换言之，不要为了追求及时性而牺牲质量和碳排放目标的利益。与图3-5（b）和图3-5（c）不同，图3-5（d）展示了一种极端情况，即大多数全局非支配解不关心它们与帕累托前沿曲线f_3的距离。这暗示着这样一个现实，即高质量通常不是由时间和碳排放之间的最佳平衡产生的。为了实现“高质量”的目标，时间或碳排放都必须做出让步。

总结以上分析，可得以下三个管理学见解。

（1）在事先给定合理的碳排放限制水平前提下，可以在质量和时间之间取得次优平衡。

（2）质量和碳排放之间的最佳平衡可以同时保证很好地实现及时性。

（3）时间与碳排放之间的最佳平衡通常不能带来高质量。

3. 贝叶斯更新

1）贝叶斯更新的效果

如前所述，基于贝叶斯方法的技术可以解释质量改进活动决策后弧线参数的概率变化。以最接近点 A［图 3-5（a）］的全局非支配解为例。在此全局非支配解中，有多个节点执行了质量改进活动，质量改进活动总共对十条弧线参数进行了贝叶斯更新。绘制每条弧线的时间和碳排放的联合概率密度，并获得类似钟形的曲面。然后，关注每个钟形曲面的两个指标，即中心位置和高度。如图 3-6 所示，更新前和更新后的钟形曲面的中心位置明显不同，后者比前者离零点更远。推断出现这一现象的原因可能在于每个弧线上执行的质量改进活动会花费时间以及增加碳排放量，这分别增加了总时间和总能耗。此外，更新后的钟形曲面比更新前的钟形曲面更苗条、更高，这表明贝叶斯更新减小了时间和能耗的波动（即不稳定性）。因此，总结出两个管理学见解，如下所示：①贝叶斯方法可以评价更新前和更新后弧线参数之间的差异；②贝叶斯方法减小了更新后弧线参数的不稳定性。

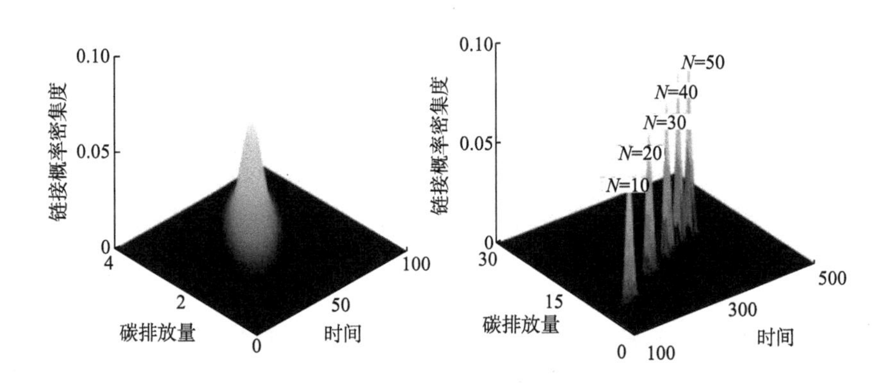

（a1）预更新活动（5，7）（a2）被质量提升活动 14 更新后的活动（5，7）

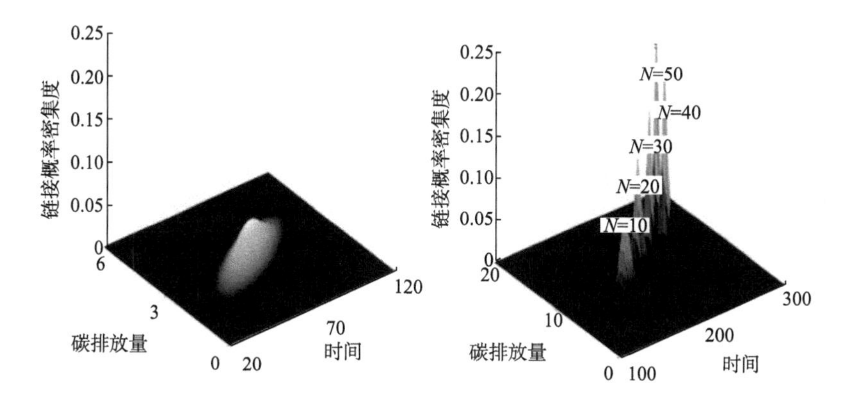

（b1）预更新活动（6，7）　（b2）被质量提升 14 更新后的活动（6，7）

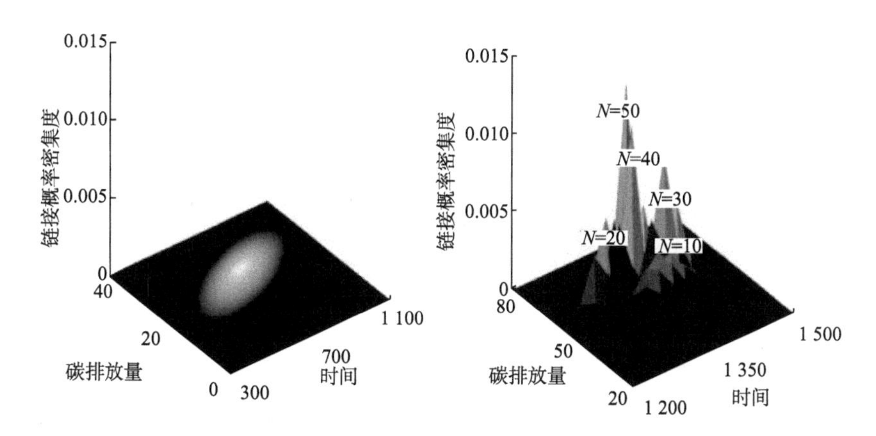

（c1）预更新活动（7，8）　（c2）被质量提升 14 更新后的活动（7，8）

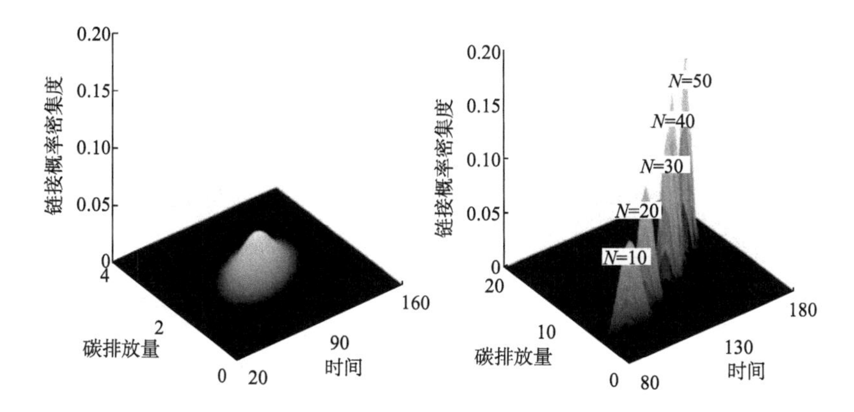

（d1）预更新活动（9，9）　（d2）被质量提升 14 更新后的活动（9，9）

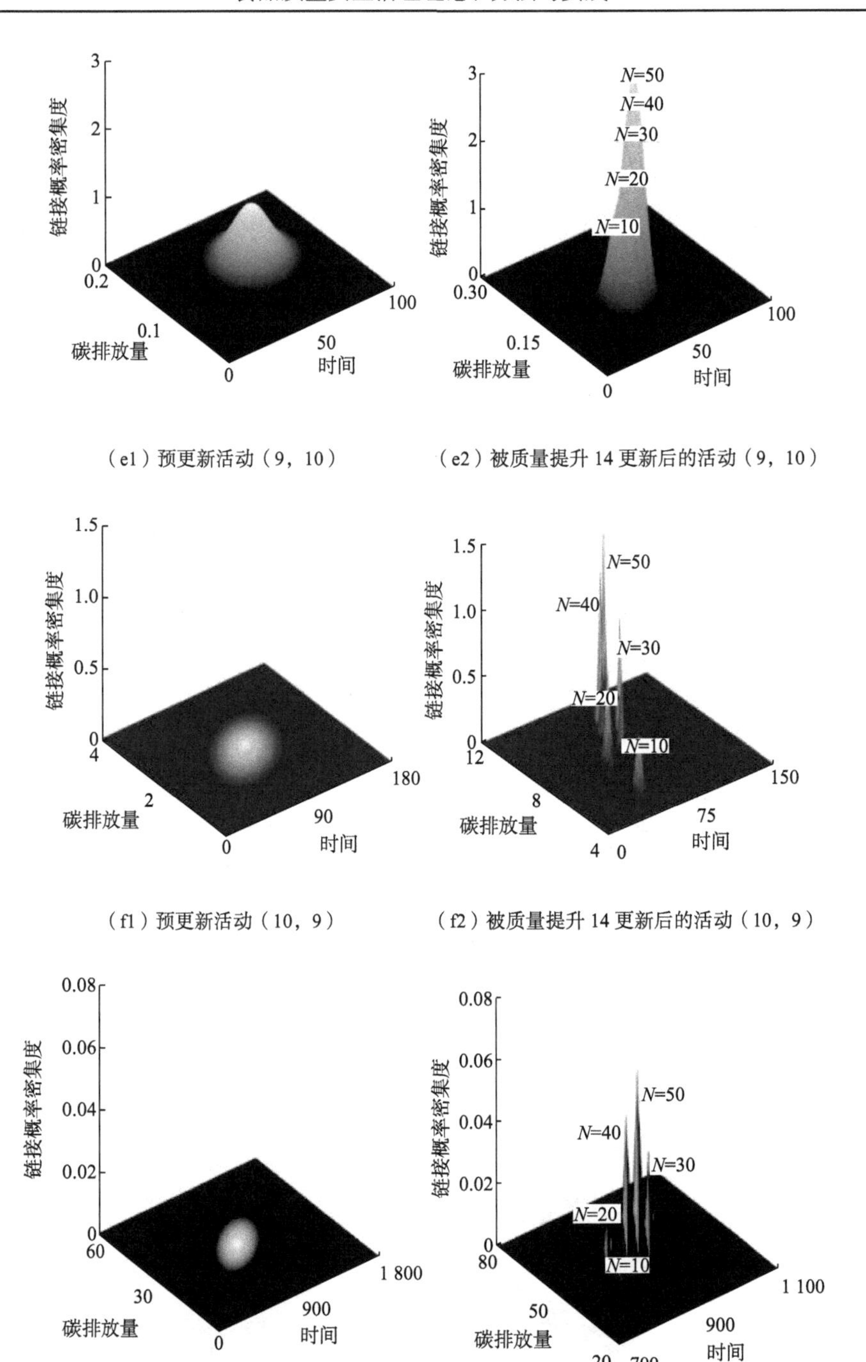

（e1）预更新活动（9，10）

（e2）被质量提升 14 更新后的活动（9，10）

（f1）预更新活动（10，9）

（f2）被质量提升 14 更新后的活动（10，9）

（g1）预更新活动（10，11）

（g2）被质量提升 14 更新后的活动（10，11）

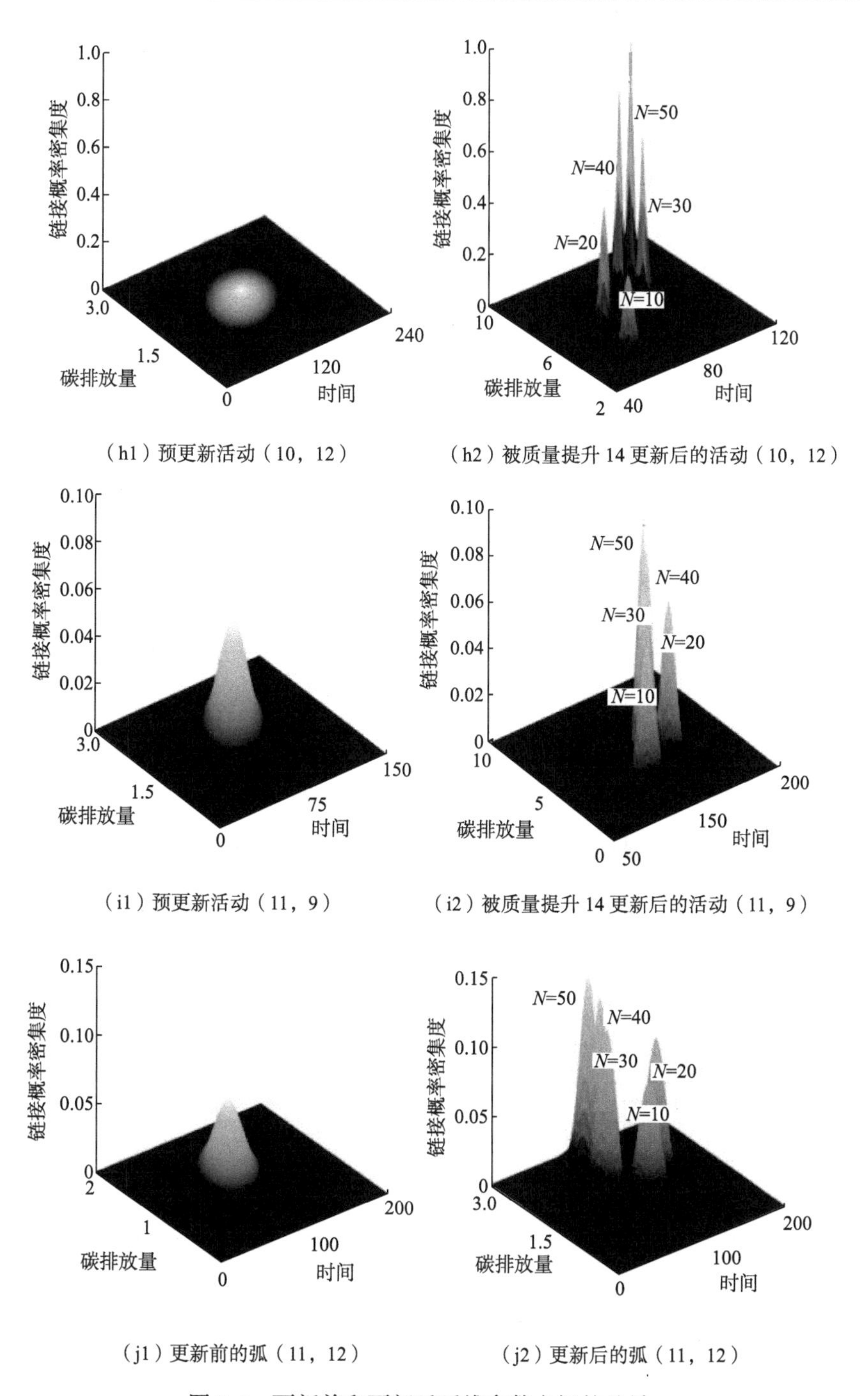

（h1）预更新活动（10，12）
（h2）被质量提升 14 更新后的活动（10，12）
（i1）预更新活动（11，9）
（i2）被质量提升 14 更新后的活动（11，9）
（j1）更新前的弧（11，12）
（j2）更新后的弧（11，12）

图 3-6　更新前和更新后弧线参数之间的差异

2）灵敏度分析

本节对“质量改进活动试验次数的变化对减小弧线参数不确定性的影响”进行了灵敏度分析。表 3-5 展示了质量改进活动试验次数 N_{im} 分别取 10，20，30，40，50 进行模拟后的结果，总结得到以下三个管理学见解。

表 3-5　关于质量改进活动试验次数的灵敏度分析

弧线	质量改进活动试验次数	弧线参数				
		$\mu_{ij1\|im}$	$\mu_{ij2\|im}$	$\sigma_{ij1\|im}$	$\sigma_{ij2\|im}$	$\rho_{ij\|im}$
（5，7）	10	168.8	7.574 9	9.239 1	0.395 9	0.731 0
	20	243.8	10.762 9	8.661 0	0.362 9	0.706 8
	30	299.2	13.263 5	8.199 3	0.337 0	0.686 4
	40	346.4	14.536 0	7.817 5	0.316 0	0.668 8
	50	390.5	16.008 9	7.493 5	0.298 5	0.653 6
（6，7）	10	189.6	8.644 1	7.706 4	0.365 1	0.753 1
	20	219.8	10.685 0	6.133 1	0.304 1	0.746 7
	30	231.1	11.995 6	5.249 8	0.266 4	0.743 9
	40	250.7	12.722 8	4.664 4	0.240 0	0.742 5
	50	259.8	13.344 2	4.239 8	0.220 3	0.741 6
（7，8）	10	1 239.7	48.849 7	44.464 9	1.789 3	0.764 6
	20	1 381.3	52.118 6	32.764 8	1.333 7	0.773 7
	30	1 335.0	54.704 8	27.149 4	1.109 7	0.776 9
	40	1 328.7	55.083 4	23.690 8	0.970 4	0.778 6
	50	1 373.5	55.894 9	21.287 7	0.873 1	0.779 7
（9，9）	10	108.7	4.258 9	6.703 9	0.308 8	0.389 4
	20	112.5	5.874 5	5.095 1	0.300 1	0.425 9
	30	141.8	7.687 6	4.318 1	0.292 7	0.458 3
	40	141.2	9.199 9	3.839 3	0.286 1	0.485 1
	50	135.6	10.775 8	3.506 1	0.279 9	0.507 4
（9，10）	10	49.0	0.125 6	5.064 9	0.019 9	0.083 6
	20	44.8	0.131 5	3.836 5	0.019 8	0.076 6
	30	60.9	0.143 0	3.212 9	0.019 7	0.075 2
	40	52.5	0.148 8	2.819 6	0.019 6	0.075 7
	50	38.8	0.154 2	2.542 7	0.019 5	0.077 1
（10，9）	10	52.9	5.515 2	2.186 8	0.245 7	0.733 1
	20	58.3	7.289 4	1.715 2	0.210 4	0.788 4
	30	64.8	8.818 0	1.474 1	0.187 0	0.811 0
	40	72.1	9.513 4	1.316 5	0.170 0	0.823 3

续表

弧线	质量改进活动试验次数	弧线参数				
		$\mu_{ij1\|im}$	$\mu_{ij2\|im}$	$\sigma_{ij1\|im}$	$\sigma_{ij2\|im}$	$\rho_{ij\|im}$
（10，9）	50	73.1	9.990 8	1.202 0	0.156 9	0.831 0
（10，11）	10	835.8	39.083 4	28.247 4	1.378 7	0.958 2
	20	787.1	38.964 8	20.336 1	0.993 9	0.959 6
	30	802.7	41.325 4	16.707 0	0.816 9	0.960 1
	40	826.3	41.108 3	14.513 8	0.709 9	0.960 3
	50	806.3	40.972 5	13.005 9	0.636 2	0.960 4
（10，12）	10	67.9	4.159 3	3.126 9	0.210 5	0.539 6
	20	71.9	5.721 1	2.381 9	0.187 8	0.619 1
	30	79.3	7.144 1	2.030 1	0.171 1	0.657 4
	40	89.0	7.906 9	1.808 5	0.158 3	0.680 1
	50	90.4	8.469 0	1.650 3	0.147 9	0.695 0
（11，9）	10	156.6	3.017 4	10.415 4	0.292 7	0.428 6
	20	190.1	3.867 3	8.957 7	0.288 8	0.416 7
	30	162.1	4.277 6	7.992 9	0.286 2	0.412 9
	40	166.3	5.071 0	7.295 1	0.284 2	0.413 1
	50	172.6	5.583 8	6.760 7	0.282 6	0.415 6
（11，12）	10	149.0	1.607 1	10.662 8	0.195 6	0.303 7
	20	159.4	1.875 0	8.573 7	0.194 2	0.297 7
	30	101.7	1.930 9	7.385 3	0.193 4	0.301 3
	40	89.3	2.193 3	6.595 4	0.192 9	0.308 3
	50	93.1	2.395 7	6.022 6	0.192 4	0.316 6

（1）质量改进活动试验次数的增加使钟形曲面离开了当前位置，并移至新位置。

（2）质量改进活动试验次数的增加逐渐缩小了两个相邻钟形曲面之间的距离。

（3）质量改进活动试验次数的增加导致钟形曲面越来越陡峭。

第一个和第二个见解可以由性质 3-1 解释，而第三个见解可以由性质 3-2 解释。性质 3-1 表示后验均值是先验均值和“带有系数权重的样本均值”的加权和。一方面，由于质量改进活动试验的次数与“带有系数权重的样本均值”的权重成正比，所以质量改进活动试验次数的增加会促使后验均值更接近“带有系数权重的样本均值”。另一方面，由于质量改进活动试验次数与“带有系数权重的样本均值”的方差成反比，因此，可以使“带有系数权重的样本均值”的值更稳定。此外，性质 3-2 指出，质量改进活动试验次数的增加扩大了后验方差和先验方差之间的差距。因此，随着质量改进活动试验次数的增加，钟形曲面将比以前更加陡峭。总之，质量改进活动试验次数的增加增强了概率变化的稳定性。

尽管如此，无论执行哪个质量改进活动以及贝叶斯更新了多少条弧线，弧线参数的随机性仍然存在。时间和碳排放仍遵循与原始类型相同的联合概率分布。因此，在评价更新前和更新后弧线参数之间的概率差异时，我们的技术的一个重要优点在于，仅减小了弧线参数的不确定性，仍然保持了弧线参数的随机性质，这遵循了现实中复杂的食品质量演变机制。

4. 可持续的质量管理计划

本节根据不同的目标函数优先度提出了个性化的可持续质量管理计划。首先，所有的全局非支配解分别按其质量（时间、碳排放）目标函数值进行（升序、升序）排列。如图 3-7 所示，当给予质量目标优先时，节点 1 和 2 都会选择偏简单的食品安全检查技术。更具体地说，节点 1 使用草料检测，节点 2 使用酒精试验。这两个测试不会花费太多时间和能耗，但是都可以确保两者获得可观的质量改进。但是，节点 4、5、6、7、8、9 和 11 都执行更复杂的涉及多种机械化操作或质量安全检测技术的行动，并导致更多的时间和碳排放。这意味着：①原料乳加工环节的性能很好，因此仅执行简单的质量安全检测技术即可确保质量；②企业决策者将重心放在其他步骤（如辅料配制和奶瓶准备）。时间目标优先及碳排放目标优先的质量改进活动结果见图 3-8 和图 3-9。

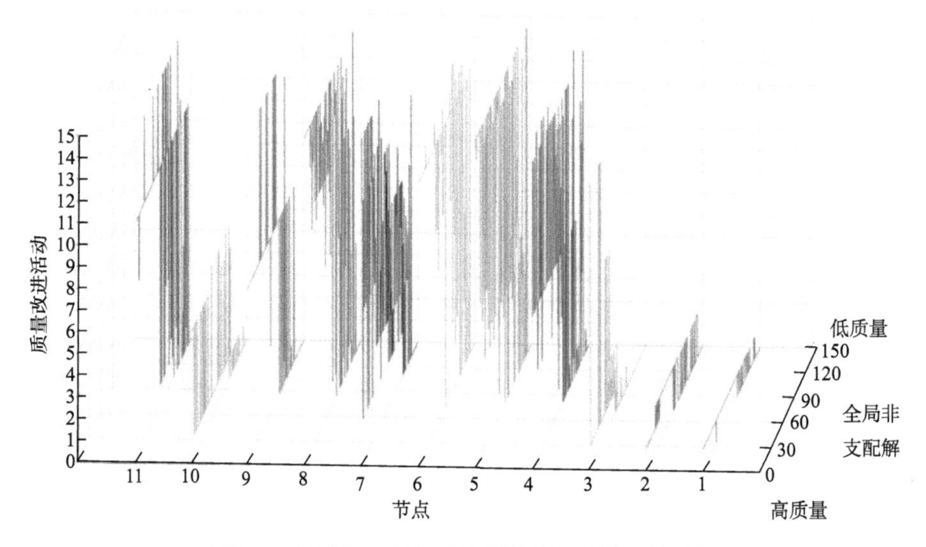

图 3-7　给予质量目标优先时的质量改进活动计划

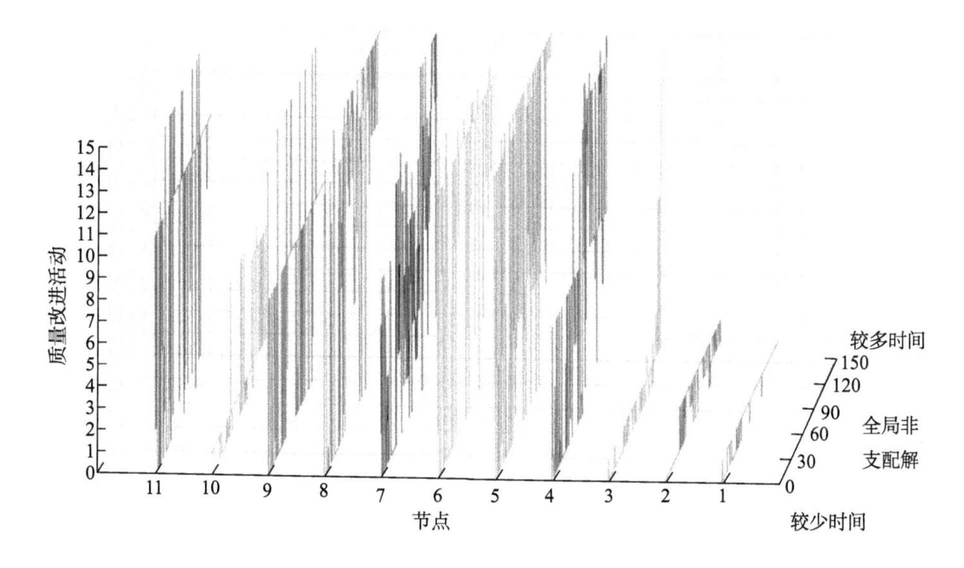

图 3-8　给予时间目标优先时的质量改进活动计划

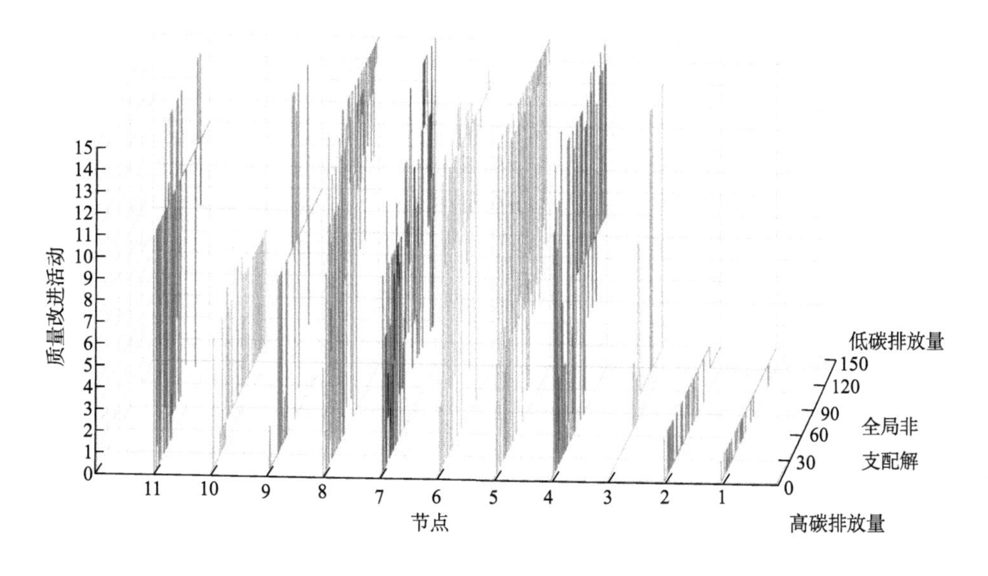

图 3-9　给予碳排放目标优先时的质量改进活动计划

但是，如果企业决策者给予另两个目标优先，则一些费时的或高能耗的质量改进活动将被省时的或低碳的质量改进活动所代替。比较将图 3-7、图 3-8 与图 3-9 可知，图 3-7 中的节点 4、7、8、9 和 11 执行的质量改进活动比图 3-9 中的更加节省时间和能耗。这些节点代表与组装相关或与回收相关的环节。在这些环节中，质量改进活动在质量和时间（或碳排放）之间存在权衡，如使用或不使用灌装机，以及改善或不改善回收过程。与这些环节不同，节点 5 和 6 仍然遵循执行相同的质量改进活动，这意味着与辅料混合相关的节点都迫切需要执行质量改进活动，无论决策者对质量、时间或碳排放的偏好如何。因此，个性化的可持续质量管理计划是面向节点的和面向目标的。

5. 研究结论

本节可以看作对食品生产可持续性进行的多维影响要素的权衡分析，主要创新是通过将贝叶斯方法植入 GERT 中来提出一项新技术，同时也是第一个在食品质量管理中使用上述决策技术。借助本节涉及的技术，食品生产网络中的动态性和不确定性可以通过更新前和更新后状态之间的概率性差异来共同衡量。更确切地说，本节涉及的技术可减小不确定性，但不会改变食品生产的随机性质，这是一个非常重要的优势，它符合食品生产系统的实际情况以及涉及大量不确定因素的复杂的食品质量演变机制。此外，技术的有效性基于本书作者团队的研究机构和相关企业共同收集的大量历史数据。也就是说，本书的技术是数据驱动的、不过时的。

本节相关研究填补了现有研究中的空白。除了上面强调的新技术外，数据源和模型也与传统的研究很不相同。因为需要优化食品生产过程中的决策，所以数据是基于技术的，大部分来自食品安全检测、微生物检测、理化检测等。幸运的是，本书作者团队拥有自己的研究机构和实验室，以及有充分的资金来支持这项研究。本节模型采用了一种称为定制化的多目标粒子群算法来分析三维目标的最佳平衡，可以从不同视角来可视化最优平衡，并得出全局非支配解与局部非支配解之间的关系。此外，本节研究方法可以找出个性化的可持续质量管理计划，这些计划是面向节点和面向目标的。

然而，未来仍然有一些研究方向值得深入探索。首先，需要扩大研究范围以涵盖整个产品生命周期（不仅是食品生产），以提出更彻底的质量管理计划，其中 GERT 网络将更加复杂，而且将重新考虑候选的质量改进活动。其次，需要考虑人类行为因素对某些质量改进活动中所采用的手动或机械化技术的影响。最后，可以将本技术与现有的食品安全相关方法（如 HACCP 系统）相结合，以进一步探索危害分析，并确定关键控制点，以确保食品安全。尽管如此，希望本节可以为易腐食品质量管理领域的技术创新提供有益的补充。

第4章　食品质量链多主体冲突与合作

上文基于食品供应链与质量链的研究主要还是以食品生产、加工与销售的相关企业为主体展开，而对消费者、政府和其他社会组织的利益及这些利益主体与食品质量链上的企业之间的关系则很少考虑，因此还需要进一步从主体之间的关系与行为角度探究食品质量链各个主体之间存在着怎样的冲突，并分析这些冲突产生的原因和各主体之间潜在的合作空间，以探寻消解这些冲突的方式和促进各主体开展合作。

4.1　基于协商视角的食品质量链冲突消解策略

4.1.1　食品质量链协同冲突产生原因及其描述

食品安全是一个直接影响人类健康并对经济的发展和社会的稳定都有重要作用的问题。现今的食品供应链存在协同发展的内在要求，多食品企业主体的协同质量管理变得越来越重要。以核心食品企业为中心，多企业协同完成食品产品设计与开发，以及生产和使用中的质量保证和质量控制，构成了贯穿供应链始终质量流，我们称之为食品质量链。食品质量链中的协同是食品质量链价值创造的关键因素，协同效果的好坏直接关系到质量链合作伙伴关系的稳定和活力与否，食品质量链各主体企业必须有效协作。企业成员来自不同的机构，代表着不同的利益主体，每个成员企业又有不同的组织结构和管理特点，再加上地域的分散性，使得企业成员间的协作变得相当复杂。食品质量链上各节点企业都是独立的经济实体，都以自身利益最大化为目标进行质量控制决策，从而产生质量控制冲突。

质量链是复杂的链式结构，起源于企业的市场调研和分析，包括产品设计、产品制造、产品销售、用户服务等与质量形成有关的全过程，核心企业与质量链上的供应商、外协厂家、合作伙伴、分销商等是一个统一的总体，构成质量链的主体。食品质量链主体主要分为链内主体和链外主体，链内主体包括初级农产品生产者、食品初加工者、食品深加工者、食品流通经营者和消费者等；链外主体包括政府部门、食品各行业协会、新闻媒体和第三方检测机构等。上述食品质量链各主体成员是独立自治的，不同主体企业的目标之间往往有冲突，各主体企业都是从自身领域的目标出发运用相应的知识进行决策，每个主体企业都有潜在的倾向将自己的质量参数限制在对自己较为有利的位置，其出发点是追求自己的目标（如产品支付成本、质量努力成本、检验成本、内部质量缺陷成本、外部损失成本和政府规制成本等）为最优，但是，该取值还要满足质量链全局范围内的要求，从而限制了各主体企业个人期望最优目标的同时取得，从而导致冲突产生。为了便于冲突问题的分析，下面给出该冲突问题的定量化描述。设食品质量链由多位主体企业组成，任意主体企业 A_i 都有一个质量变量的向量空间 $Q_i \in R^{m_i}$，R^{m_i} 为 m_i 维实向量空间，即 Q_i 为主体企业需要确定的决策变量集合，该质量链中所有主体企业的全部决策变量集合为 E，$E=\bigcup^{n} Q_i$。主体企业可选择的决策变量的向量为 $X_i \in Q_i$，主体企业 A_i 有 K_i 个希望达到的目标 f_i，f_i 表示为

$$f_i\left(X_i, \bar{X}_i\right)=\left\{f_{i1}\left(X_i, \bar{X}_i\right), f_{i2}\left(X_i, \bar{X}_i\right), \cdots, f_{ik_i}\left(X_i, \bar{X}_i\right)\right\} \tag{4-1}$$

其中，f_i 不仅取决于主体企业 A_i 的决策变量，还受其他主体企业的决策变量的影响。$f_i \in G_i$，$G_i \in R^{ki}$ 是 A_i 的目标向量空间，所有决策目标的集合构成了质量链的目标空间，$G=\bigcup_{i=1}^{n} G_i$ 是所有主体企业的目标向量空间，$X_i \in Q_i$，而

$$\bar{Q}_i = \underset{j\in N,\, j\neq i}{\times} Q_j, \quad \forall i \in N \tag{4-2}$$

其中，$\bar{Q}_i$ 为所有 $Q_i\left(j \in N, j \neq i\right)$ 的笛卡儿积，$\bar{Q}_i$ 可表示为

$$\bar{Q}_i=\left\{\bar{X}_i \middle| \bar{X}_i=\left(X_1, X_2, \cdots, X_{i-1}, X_{i+1}, \cdots, X_n\right), X_i \in Q_j, j \in N\right\} \tag{4-3}$$

设 $g_{ij}=\left(X_i, \bar{X}_i\right)$ 是 R^m 上的实函数，$m=\sum^{n} k_i$，有

$$Q_i=\left\{X_i \in R^{ki} \middle| g_{ij}\left(X_i, \bar{X}_i\right) \leqslant 0,\ j=1,2,\cdots,l_i\right\} \tag{4-4}$$

每个主体企业都想使解满足自己最优质量属性的要求，从而使自身的多个目标达到最优，即对于任意主体企业 A_i，有

$$\begin{cases}\max\left[f_{i1}\left(X_i, \bar{X}_i\right), f_{i2}\left(X_i, \bar{X}_i\right), \cdots, f_{ik_i}\left(X_i, \bar{X}_i\right)\right] \\ \text{s.t. } X_i \in Q_i\end{cases} \tag{4-5}$$

式（4-5）是对函数向量求极大，只能得到问题的帕累托最优解 x_i^*，无法确定唯一解。则整个质量链的解为

$$x^*=\bigcap^{n} x_i^*$$

当 x^* 为空集时，表示多个主体企业不能同时达到最优，则食品质量链协同过程发生冲突。将质量链协同过程中各个质量属性之间的约束关系用解析式表达出来，就可以转化为冲突问题［式（4-5）］的描述形式。

4.1.2　食品质量链协同冲突协商与消解

4.1.1 节仅是从数学的角度对食品质量链协同冲突的产生原因进行了形式化描述，但是该表达式无法直接求解，还不能直接得出具体的冲突消解策略。高质量的原材料和成品往往需要耗费巨大的成本，质量链各企业在决策时总是希望在质量和成本二者之间得到平衡。因此，质量链上冲突涉及的各方可以与其他主体企业进行协调，通过对质量属性的取值进行协商来解决冲突，本节拟从协商的角度研究食品质量链协同冲突的消解。

协商是指食品质量链多主体系统发生协同冲突时，冲突涉及的各方之间的讨价还价过程。协商者 i 给出一个报价（或要求），协商者 j 对此表示自己的态度，如果同意则协商过程结束，并以这个报价作为结局。否则，由 j 在下一轮给出一个反报价，然后由协商者 i 对这个报价表示自己的态度，如此循环往复直到一方同意另一方的报价。

1. 参数说明

下面对后面涉及的参数进行说明：w 为食品制造商将产品出售的价格；s 为食品制造商向食品供应商支付的价格；c_m 为食品制造商的单位制造成本；q 为食品供应商的质量水平；θ 为食品制造商的检验水平，即食品制造商检测出产品质量问题的能力；M 为食品制造商检验出不合格产品时对食品供应商的惩罚（应当为食品制造商对食品供应商的处罚与食品制造商因为食品供应商未能按时按质按量供应食品原料造成的损失之差）；$(1-\theta)(1-q)$ 为产生外部损失的概率，主要是由于食品供应商产品有质量问题而并没有被检测出；N 为产品出现质量问题时的外部损失（包括重置成本及消费者的不满意成本和声誉损失等）；α 为食品供应商分摊外部损失的比例（之所以有分摊比例主要是考虑所产生的外部损失虽然是食品供应商的问题，但食品制造商未检验出来也应该承担一定的责任）；γ 为政府质检部门抽查曝光的概率；G 为单位产品被政府监督部门查处的单位惩罚；γG 为政府监督作用；$S(\theta)$ 表示产品检验成本，$S(q)$ 为供应商质量成本，令 $S(q)=k_q q^2/2$，$S(\theta)=k_\theta \theta^2/2$，其中，$k_q$、$k_\theta$ 为质量成本参数，即质量成本函数应当是严格递增的凹函数。假定制造商制造过程转化率为 100%，即所有原材料均转化为产品，不考虑制造商的质量水平。

本节作为食品质量链冲突协商的首次探索，仅考虑食品制造商和食品供应商二者之间的协商过程，并且仅考虑一单位产品的情况。二者的协商是围绕自身收益最大化展开的，其收益模型如下。

食品制造商收益为

$$\begin{aligned} R_m = &(w-s-c_m)\left[1-\theta(1-q)\right]+\theta(1-q)M \\ &-(1-\alpha)(1-\theta)(1-q)N-(1-\theta)(1-q)\gamma_1 G_1 - S(\theta) \end{aligned} \quad (4\text{-}6)$$

其中，第一项为检验合格的产品售价除去原料收购及单位制作成本之后的收益；第二项为检测出不合格的产品对供应商的惩罚；第三项为产品发生外部损失制造商要承担的部分损失；第四项为政府抽检出不合格品时的惩罚；第五项为制造商的检测成本。

食品供应商收益为

$$R_s = s\left[1-\theta(1-q)\right]-\theta(1-q)M-\alpha(1-\theta)(1-q)N-(1-q)\gamma_2 G_2 - S(q) \quad (4\text{-}7)$$

其中，第一项为检验合格的产品收到的款项；第二项为检测出不合格产品时受到的惩罚；第三项为产品发生外部损失时供应商要承担的部分损失；第四项为政府抽检出不合格品时的惩罚；第五项为供应商的质量成本。

食品质量链收益为

$$\begin{aligned} R_T &= R_m + R_s \\ &= (w-c_m)\left[1-\theta(1-q)\right]-(1-\theta)(1-q)(N+\gamma_1 G_1) \\ &\quad -(1-q)\gamma_2 G_2 - S(\theta) - S(q) \end{aligned} \quad (4\text{-}8)$$

2. 食品质量链冲突协商过程

食品质量链冲突协商的过程集合表示为 $P=\left(\text{prop}^0,\text{prop}^1,\cdots,\text{prop}^{\text{last}}\right)$，其中 prop^0 为协商的初始建议值。

将协商的过程表示如下，在 t_{n-1} 这一阶段，参与协商的食品质量链主体企业 B 收到另一主体企业的一个协商建议 $\text{prop}_{\text{A}\to\text{B}}$ 时，B 有三种反应行为

$$P\left(t_n,\text{prop}_{\text{A}\to\text{B}}(t_{n-1})\right)=\begin{cases}\text{reject}, & t_n > t_{\max} \\ \text{accept}, & E\left(\text{prop}_{\text{A}\to\text{B}}(t_{n-1})\right)\geqslant E\left(\text{prop}_{\text{A}\to\text{B}}(t_n)\right) \\ \text{prop}(t_n), & E\left(\text{prop}_{\text{A}\to\text{B}}(t_{n-1})\right)< E\left(\text{prop}_{\text{A}\to\text{B}}(t_n)\right)\end{cases} \quad (4\text{-}9)$$

式（4-9）中第二项含义为，当 B 收到的一个协商建议 $\text{prop}_{\text{A}\to\text{B}}$ 给 B 带来的效用不小于 B 准备提出的下一个反建议 $\text{prop}_{\text{B}\to\text{A}}$ 带来的效用时，B 选择接受该建议，协商结束。第三项的含义相反，这里不考虑协商终止。双方进行讨价还价的

协商算法如下。

1）prop^0

假设协商的初始建议值先由食品制造商提出，即要求食品供应商提供极高的质量水平，令其为q_0，制造商出于成本考虑令检测水平为极小的值，令其为θ_0，协商方案为(q_0,θ_0)。此时供应商及制造商的各自收益如下所示。

制造商收益为

$$
\begin{aligned}
R_m = &(w-s-c_m)\left[1-\theta_0(1-q_0)\right]+\theta_0(1-q_0)M \\
&-(1-\alpha)(1-\theta_0)(1-q_0)N \\
&-(1-\theta_0)(1-q_0)\gamma_1 G_1 - S(\theta_0)
\end{aligned}
\tag{4-10}
$$

供应商收益为

$$
\begin{aligned}
R_s = &s\left[1-\theta_0(1-q_1)\right]-\theta_0(1-q_1)M \\
&-\alpha(1-\theta_0)(1-q_1)N-(1-q_1)\gamma_2 G_2 - S(q_1)
\end{aligned}
\tag{4-11}
$$

2）prop^1

食品供应商同意食品制造商的低检测水平（低检测水平意味着被发现不合格产品的概率会减小，惩罚也会减少），但不同意自身采取过高的质量水平，因为极高的质量水平势必产生极高的生产成本。因此食品供应商会提供一个略小的质量水平$q_1(q_1<q_0)$，制造商的检测水平可以保持不变，即食品供应商提出协商方案为(q_1,θ_0)，此时供应商和制造商的各自收益如下所示。

制造商收益为

$$
\begin{aligned}
R_m = &(w-s-c_m)\left[1-\theta_0(1-q_1)\right]+\theta_0(1-q_1)M \\
&-(1-\alpha)(1-\theta_0)(1-q_1)N \\
&-(1-\theta_0)(1-q_1)\gamma_1 G_1 - S(\theta_0)
\end{aligned}
\tag{4-12}
$$

供应商收益为

$$
\begin{aligned}
R_s = &s\left[1-\theta_0(1-q_1)\right]-\theta_0(1-q_1)M \\
&-\alpha(1-\theta_0)(1-q_1)N-(1-q_1)\gamma_2 G_2 - S(q_1)
\end{aligned}
\tag{4-13}
$$

3）prop^2

制造商考虑到如果食品供应商提供的产品质量不高，自己决不能令质量检测水平为θ_0这样极低的水平，因为如果这样的话，自己面临的外部损失概率极高（假设外部损失足够大，要远远大于其检测成本），而且，不能任由食品供应商提供较低质量的产品，因此可能会提出下列协商的结果(q_2,θ_2)，$q_1<q_2$，$\theta_0<\theta_2$。此时供应商和制造商的各自收益如下所示。

制造商收益为

$$\begin{aligned} R_m =& (w-s-c_m)\left[1-\theta_2(1-q_2)\right]+\theta_2(1-q_2)M \\ & -(1-\alpha)(1-\theta_2)(1-q_2)N \\ & -(1-\theta_2)(1-q_2)\gamma_1 G_1 - S(\theta_2) \end{aligned} \tag{4-14}$$

供应商收益为

$$\begin{aligned} R_s =& s\left[1-\theta_2(1-q_2)\right]-\theta_2(1-q_2)M \\ & -\alpha(1-\theta_2)(1-q_2)N \\ & -(1-q_2)\gamma_2 G_2 - S(q_2) \end{aligned} \tag{4-15}$$

如上所述，食品质量链中的制造商提出上述的协商组合(q_2,θ_2)，即食品供应商要提供质量水平为q_2的产品，食品制造商再按照合约令检验水平为θ_2。此时，协商的另一方，即食品质量链中的供应商，在收到该协商报价之后，会提出下面prop^3的反报价。

4）prop^3

假定制造商检验水平如prop^2中所提，供应商会提出提供质量水平为q_3的产品的反报价，q_3是由供应商确定的令其自身收益取最大值时的质量水平，即

$$\frac{\partial R_s(q_3,\theta_2)}{\partial q_3}=0\text{，}\quad \frac{\partial^2 R_s}{\partial q_3^2}<0 \tag{4-16}$$

此时协商的结果是(q_3,θ_2)，双方的收益如下所示。

制造商收益为

$$\begin{aligned} R_m =& (w-s-c_m)\left[1-\theta_2(1-q_3)\right]+\theta_2(1-q_3)M \\ & -(1-\alpha)(1-\theta_2)(1-q_3)N \\ & -(1-\theta_2)(1-q_3)\gamma_1 G_1 - S(\theta_2) \end{aligned} \tag{4-17}$$

供应商收益为

$$\begin{aligned} R_s =& s\left[1-\theta_2(1-q_3)\right]-\theta_2(1-q_3)M \\ & -\alpha(1-\theta_2)(1-q_3)N \\ & -(1-q_3)\gamma_2 G_2 - S(q_3) \end{aligned} \tag{4-18}$$

且(q_3,θ_2)满足$R_s(q_3,\theta_2)\geqslant R_s(q,\theta_2)$，即在检验水平为$\theta_2$的情况下，供应商提供质量水平为$q_3$的产品获得的收益优于其他质量水平的收益。

5）prop^m

制造商在接受这样的反报价之后必然不会欣然接受，因供应商在提供质量水平为q_3的产品时，制造商收益最大化的检测水平很大情况下不会是θ_2，而是θ_3。双方会再进行数次协商，最后得出协商结果(q_m,θ_m)，该结果可以使双方均

达到期望收益最大化，即

$$\frac{\partial R_s(q_m,\theta_m)}{\partial q_m}=0，\frac{\partial R_m(q_m,\theta_m)}{\partial \theta_m}=0，\frac{\partial^2 R_s}{\partial q_m^2}<0，\frac{\partial^2 R_m}{\partial \theta_m^2}<0$$

此时双方的收益如下所示。

制造商收益为

$$\begin{aligned}R_m=&(w-s-c_m)\left[1-\theta_m(1-q_m)\right]+\theta_m(1-q_m)M\\&-(1-\alpha)(1-\theta_m)(1-q_m)N\\&-(1-\theta_m)(1-q_m)\gamma_1G_1-S(\theta_m)\end{aligned}\tag{4-19}$$

供应商收益为

$$\begin{aligned}R_s=&s\left[1-\theta_m(1-q_m)\right]-\theta_m(1-q_m)M\\&-\alpha(1-\theta_m)(1-q_m)N-(1-q_m)\gamma_2G_2-S(q_m)\end{aligned}\tag{4-20}$$

且(q_m,θ_m)同时满足$R_m(q_m,\theta_m)\geqslant R_m(q_m,\theta)$，即在食品供应商提供$q_m$质量水平的产品时，食品制造商采取$\theta_m$的检测水平时获得的收益是最大的，$R_s(q_m,\theta_m)\geqslant R_s(q,\theta_m)$，即在食品制造商的检测水平是$\theta_m$的情况下，食品供应商提供质量水平为$q_m$的产品时获得的收益是最大的。

6）prop^n

然而，协商并没有结束，作为协商的一方（假设食品制造商）可能会觉得自身采取θ_n的检测水平，且食品供应商采取q_n质量水平时，自身的收益会更大，这时，食品制造商甚至愿意提出弥补方案，来弥补食品供应商由q_m至q_n减少的收益［前提是食品制造商弥补完之后的收益依然会大于其在(q_m,θ_m)报价下的收益］。此时的(q_n,θ_n)报价是使两者构成的整个质量链收益最大的策略组合，问题转化为如下规划问题的求解：

$$\begin{aligned}&\max\ R_T(q,\theta)\\&\text{s.t. }0\leqslant q\leqslant 1\\&\qquad 0\leqslant\theta\leqslant 1\end{aligned}\tag{4-21}$$

考虑至此，食品制造商会提出如下的协商方案，即$\text{prop}^{\text{last}}:(q_n,\theta_n,b)$，其中，$b$表示的是食品制造商对食品供应商的弥补方案。此时双方的收益如下。

食品制造商收益为

$$\begin{aligned}R_m=&(w-s-c_m)\left[1-\theta_n(1-q_n)\right]+\theta_n(1-q_n)M\\&-(1-\alpha)(1-\theta_n)(1-q_n)N\\&-(1-\theta_n)(1-q_n)\gamma_1G_1-S(\theta_n)\end{aligned}\tag{4-22}$$

食品供应商收益为

$$R_s = s\left[1-\theta_n\left(1-q_n\right)\right]-\theta_n\left(1-q_n\right)M \\ -\alpha\left(1-\theta_n\right)\left(1-q_n\right)N-\left(1-q_n\right)\gamma_2 G_2 - S\left(q_n\right) \tag{4-23}$$

食品质量链收益为

$$\begin{aligned} R_T &= R_m + R_s \\ &= \left(w-c_m\right)\left[1-\theta_n\left(1-q_n\right)\right] \\ &\quad -\left(1-\theta_n\right)\left(1-q_n\right)\left(N+\gamma_1 G_1\right) \\ &\quad -\left(1-q_n\right)\gamma_2 G_2 - S\left(\theta_n\right)-S\left(q_n\right) \end{aligned} \tag{4-24}$$

此时$\left(q_n,\theta_n\right)$满足：

$$R_T\left(q_n,\theta_n\right) \geqslant R_T\left(q,\theta\right) \tag{4-25}$$

由式（4-21）可知，$R_T\left(q_n,\theta_n\right)$是约束最优化问题的解，因此式（4-25）必然成立，即在$\left(q_n,\theta_n,b\right)$的策略组合下，质量链总收益是最大的，优于其余任意的策略组合。此时，协商的一方（假设食品制造商）提出弥补方案，弥补方案b满足：

$$R_s\left(q_n,\theta_n\right)+b \geqslant R_s\left(q_m,\theta_m\right) \tag{4-26}$$

即食品供应商接受弥补方案后的收益不小于其在食品供应商和制造商双方以自身收益最大化为目标时的收益。

$$R_m\left(q_n,\theta_n\right)-b \geqslant R_m\left(q_m,\theta_m\right) \tag{4-27}$$

即食品制造商对食品供应商进行补偿之后的收益同样不小于其在双方以自身收益最大化为目标时的收益。

此时的方案优于任意prop^m的协商方案，因此，此时双方的策略组合$\left(q_n,\theta_n,b\right)$就是质量链收益最大化时的收益组合，协商过程结束。

从上述协商过程可以看出，起初协商结果是协商各方遇到利益冲突时各自从个人理性出发的结果，因此协商的结果很多情况下并不是最理想的，即并不一定能达到帕累托最优，原因是质量链中存在着“双重边际化”的现象，协商各方基于个人理性出发以各自收益最大化为出发点，反而不能得到最大的收益。如果以质量链总收益最大化为目标，质量链各协商主体通过合作可以达到质量链总体收益最大，再通过简单的利益分配就可以实现各自收益最大化，此时，具体到每个协商主体，无论是供应商还是制造商，在该质量水平下所得收益均不小于其协商阶段所得到的协商解，而且，在这种情形下，原材料质量及制造质量反而更有效地得到了保证。

4.1.3　食品质量链协同冲突协商仿真分析

A 企业是一家乳品加工企业，引进了新西兰及欧洲地区先进的乳品加工仪器，借鉴了它们的管理和生产经验，极大地提高了产品生产制造的质量，基本实现了原料的完全转化，而且 A 企业和奶源供应商、乳品流通经营者、消费者、政府监管部门、乳品行业协会、新闻媒体及第三方检测机构等组成一个乳品安全质量链，对乳品质量严格把关。A 公司的相关数据如下：企业收购的每公斤原奶的价格 $s=4$，A 企业每公斤原奶的加工制造成本 $c_m=2$，每公斤成品出售价格约 $w=10$，原奶供应商的成本函数为 $S(q)=2q^2$，A 企业的检验成本函数为 $S(\theta)=0.5\theta^2$。当地政府会定期抽检对产品质量进行监控，对原奶供应商的抽检比为 $r_2=1\%$，若发现存在质量问题，会进行罚款，折合每公斤约为 $G_2=10$，对 A 企业抽检比为 $r_1=5\%$，若发现质量问题，折合每公斤罚款为 $G_1=20$。根据A企业市场部的调查研究，若有质量问题的产品流入市场，外部损失每公斤约合为 $N=12$，由于产品出现问题时溯源有难度，外部损失一般全部由 A 企业承担。为建立与原奶供应商的良好合作关系，A 企业收购时检测出质量问题会拒收，不再额外惩罚，下面以质量链发生冲突时 A 企业与原奶供应商之间的协商过程为例进行说明。

首先，建立 A 企业与原奶供应商的收益函数模型：
A 企业收益为

$$R_m=(10-4-2)\left[1-\theta(1-q)\right]+12(1-\theta)(1-q)-(1-\theta)(1-q)-0.5\theta^2$$

原奶供应商的收益为

$$R_s=4\left[1-\theta(1-q)\right]-0.1(1-q)-2q^2$$

质量链收益为

$$R_T=R_m+R_s=(10-2)\left[1-\theta(1-q)\right]-(1-\theta)(1-q)(12+1)-0.1(1-q)-0.5\theta^2-2q^2$$

其次，开始协商，根据协商过程，协商进行到第 n 步时，即 prop^n，双方均以各自收益最大化为目标。

由 A 在企业收益和原奶供应商收益函数可知，$\dfrac{\partial^2 R_s}{\partial q^2}<0$，$\dfrac{\partial^2 R_m}{\partial \theta^2}<0$，分别令 $\dfrac{\partial R_s}{\partial q}=0$，$\dfrac{\partial R_m}{\partial \theta}=0$，得出协商结果：$q=0.888$，$\theta=0.85$，双方均在这一水平下收益最大，此时，双方收益以及质量链总收益如下：原奶供应商收益 $R_s=2.03$，A 企业收益为 $R_m=3$，此时质量链总收益为 $R_T=5.03$，协商继续进行，以质量链总收益最大为目标，得到最终方案 $\mathrm{prop}^{\mathrm{last}}:(q_n,\theta_n,b)$。此时，问题

转化为式（4-21），即

$$\begin{aligned} \max \quad & R_T(q,\theta) \\ \text{s.t.} \quad & 0 \leqslant q \leqslant 1 \\ & 0 \leqslant \theta \leqslant 1 \end{aligned}$$

利用运筹优化软件 Lingo 求解最优解为 $q=1$，$\theta=0$，质量链总收益最大，此时双方收益以及质量链总收益如下：原奶供应商收益 $R_s=2$，A 企业收益为 $R_m=4$，此时质量链总收益为 $R_T=6$。此时，由式（4-26）和式（4-27）可知，$b=0.03$。为了让原奶供应商提供质量水平为 1 的产品，需要对原奶供应商进行弥补，A 企业从自身利益出发，只需要对每公斤多支付 0.03 元即可，协商的最终方案定为 $(q_n=1,\theta_n=0,b=0.03)$，协商过程结束，从而消解食品质量链中的协同冲突。

上述分析表明，考虑食品质量链中的产品支付成本、质量努力成本、检验成本、内部质量缺陷成本、外部损失成本、政府规制成本等企业目标，建立食品制造商、食品供应商及食品质量链的收益模型，当协商一方收到的协商建议带来的自身收益不小于他自身准备提出的下一个反建议带来的收益时，接受该建议条件，据此，以食品制造商和食品供应商二者之间的协同过程为例，建立了双方围绕自身收益最大化为目标的协商策略。双方针对食品供应商提供的质量水平及食品制造商出于成本和对方质量水平所提供的质量检测水平这两个关键参数展开协商，协商的结果是通过食品制造商提供的弥补方案，使食品供应商接受弥补方案后的收益不小于其自身在食品供应商和制造商双方以各自收益最大化为目标时的收益，而且食品制造商对食品供应商进行补偿之后的收益同样不小于其自身在双方以各自收益最大化为目标时的收益，更为重要的是，此时食品质量链总收益是最大的，所提出的协商策略不仅消解了食品质量链协同冲突，而且解决了食品质量链成员企业追求自身利益最大化往往并不能使食品质量链总体利益最大化的问题，提高了质量链的质量控制水平。

4.2 基于行为博弈的食品质量链主体合作机制

4.2.1 食品质量链管理中的多主体分析

食品质量链涉及的主体是多方的，从源头的初级产品供应商到生产加工企业再到后端的销售商、消费者，除此之外还有政府主体在其中起着监管的作用。食品质量链上的生产、加工、销售等各环节之间既存在利益趋同，也存在利益对立

（王虎和李长健，2008）。通常来说，食品安全系数高，则各方均能实 现各自理想收益，此时利益趋同；反之，食品安全系数低，在不完善的法律制度下（如食品可追溯系统不完全）包含两种情况：一是单方有可能逃避法律责任，其余各方为之替代承担全部法律责任，此时利益对立明显；二是各方均可能逃避法律责任，此时二者利益又趋同。

食品安全问题不仅仅是一个技术层面的问题，同时还是一个管理层面的问题。许多食品安全问题的产生并不是因为技术上达不到要求，更主要的是在食品质量链的各个环节中存在着严重的信息不对称现象（樊丹，2010）。食品质量是经验品及信任品的安全信息加总，其特征造成了食品市场信息的不对称，而这种不对称是存在于食品质量链整个过程中的。食品信任品的特性还涉及化学、生物学等专业领域，消费者在食用后仍不能确定其安全性，由此更进一步地加剧了链中的信息不对称水平。同时食品从农田到餐桌的流通特性更是加剧了安全问题的隐患，如果食品质量链中各个独立决策主体之间的任意环节出现问题，食品安全风险就容易沿着质量链迅速传播。

当存在信息不对称时，便会催化产生威胁食品质量安全的机会主义行为，而重复购买、声誉机制及利用超市的优势能够有效地减少食品供应链中的这种机会主义行为。食品从生产的源头经由质量链的各个环节最终到达消费者，质量链上行为主体的博弈关系决定了食品的质量安全性，任意上游阶段行为主体提供的食品质量都会影响以后阶段食品的安全性，即只要有一个阶段提供的食品不安全都会导致最终食品不安全。与已有的研究相比，食品质量链形成的策略环境与蜈蚣博弈实验较为相似。蜈蚣博弈实验模型基本能够包含食品质量链主体合作博弈中时间约束、信息不完全、收益不确定性等诸多特征。首先，与蜈蚣博弈实验一样，食品质量链主体合作博弈是一个有限阶段的动态博弈过程，而且总收益都是逐步增加的；其次，本节分析的食品质量链主体合作博弈是建立在异质性主体对未来不一致的预期的基础上的，这与蜈蚣博弈实验中博弈主体无法确知对手完全信息的情形是一样的；最后，不论是基于自身偏好，还是对其他博弈主体策略行为的不确定预期，食品质量链主体合作博弈与蜈蚣博弈实验模型一样均体现为收益的不确定性。主流的 QRE（quantal response equilibrium，随机最优反应均衡）模型和 CH（Coe & Helpmon）贸易溢出模型均从不同侧面研究了异质性主体的合作演进，然而，影响食品质量链主体合作的因素是复杂多样的，因此，不妨选择 Zauner（1999）的处理方法，将这些因素整合入博弈者的收益函数进行研究。

4.2.2 基于行为博弈的食品质量链中多主体合作

1. 食品质量链中多主体合作模型假设

当合作阶段的收益大于非合作阶段时，食品质量链博弈主体会选择合作策略，收益函数间的差值称为博弈主体的合作效用，即质量链各主体基于长期利益的考虑选择合作策略而带来的额外正效用。正是额外的正效用改变了博弈方的不合作选择，为合作均衡的达成创造了条件。为了便于建立模型，本节设定食品质量链主体合作博弈中的主体收益函数由确定项和随机干扰项组成。由随机干扰项组成的博弈主体合作效用符合一般正态分布，且独立同分布。其中均值表示博弈主体对不确定收益部分的期望值，而方差反映了博弈主体对其当前收益期望的偏差。首先食品质量链主体是存在异质性社会偏好的，受年龄、职业、经历、经济水平等因素的影响，不同博弈主体的决策类型具有异质性（饶育蕾等，2009）。因此，食品质量链合作博弈中博弈主体收益函数中的随机干扰项能够体现随机变量特征。在食品质量链的主体合作博弈中，受偏好、信息不完全等不确定性因素影响，博弈主体的策略选择无偏地存在随机干扰，这意味着合作博弈中博弈主体的策略响应行为都是有限理性的。

2. 模型建立

蜈蚣博弈最早是由 Rosenthal 于 1981 年提出的一个动态博弈，Binmore（1987）和 Kreps（1990）继续研究，扩展形式如图 4-1 所示，其中 $a_k(s)$ 表示博弈参与者 $k(k=i,j)$ 在第 $s(s=1,2,\cdots,z,z+1)$ 个节点的实际收益，z 为偶数，表示博弈的阶段。

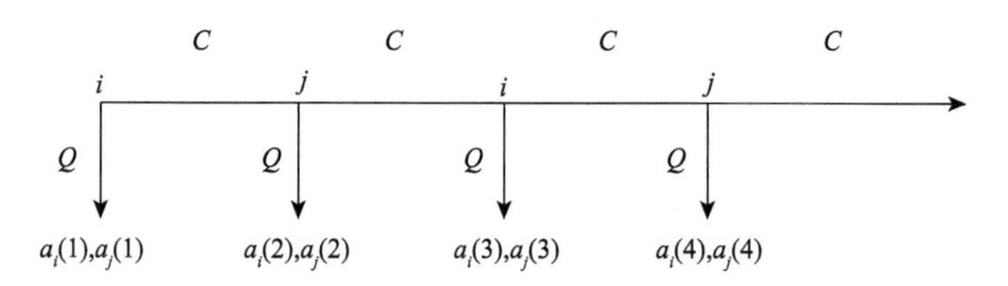

图 4-1 蜈蚣博弈扩展模型

食品质量链的博弈方在任意时间节点 $s(s=1,2,\cdots,z,z+1)$ 都面临两种策略选择：合作策略 C 和非合作策略 Q。博弈者选择非合作策略 Q 的效用是确定的，记为 $U_Q(s)$；选择合作策略 C 的收益则是不确定的，记预期效用为 $\mathrm{EU}_C(s)$。博弈参与者选择策略 C 的条件概率可以表示为

$$P_C(s)=P\left\{\mathrm{EU}_C(s)\geqslant U_Q(s)\right\} \tag{4-28}$$

从而有

$$P_C(s)=\begin{cases}1, & \mathrm{EU}_C(s)-U_Q(s)\geqslant 0\\ 0, & \mathrm{EU}_C(s)-U_Q(s)<0\end{cases} \tag{4-29}$$

式（4-29）表明：若 $\mathrm{EU}_C(s)\geqslant U_Q(s)$，博弈者选择合作策略，否则选择非合作策略。

设 $U_C(s)>0$，表示选择策略 C 可以带给博弈者正向的效用，博弈者选择策略 Q 的条件概率公式可表示为

$$P_Q(s)=P\left\{U_Q(s)>U_C(s)+\mathrm{EU}_C(s)\right\} \tag{4-30}$$

由式（4-30）可知，只有当选择策略 Q 所获得的效用大于当下选择策略 C 及合作策略下的效用时，博弈者才会采取不合作的行为。蜈蚣博弈实验的相关数据表明，随着博弈阶段的进行，博弈者选择策略 C 附加的预期合作效用逐渐减弱。

本节假设 $U_C(s)\sim N\left(\mu,\sigma_s^2\right)$，且博弈主体各阶段的合作效用满足独立同分布。实际上该假设中，$U_C(s)$ 的 μ 值可理解为选择 C 策略而可能获得的合作效用的期望水平。若 EU_C 是一个连续的随机变量，那么意味着当附加的合作效用不能弥补选择策略 C 造成的效用损失时，博弈者以概率 1 选择策略 Q。反之则博弈参与者积极主动选择策略 C。

由于 $U_C(s)\sim \mathrm{i.i.d}N\left(\mu,\sigma_s^2\right)$，基于上述假定，有

$$P_C(s)=1-P\left\{U_Q(s)>\mathrm{EU}_C(s)+N\left(\mu,\sigma_s^2\right)\right\} \tag{4-31}$$

由上述模型来计算合作博弈中在各个阶段选择策略 C 的参与者占总人数的条件概率为 p_C。从最后一个阶段开始计算 $p_C(z)$。博弈者 j 在最终阶段获得的合作效用 $U_C(z)$ 是不确定的，为了便于计算，博弈者始终选择策略 C 的预期效用 $\mathrm{EU}_C(s)=a_j(z+1)$，其中 $a_j(z+1)$ 是确定的值。

本节采用较优的常方差结构建立食品质量链合作博弈的常方差模型，并给出计算推导过程：

$$\begin{aligned}p_C(z)&=1-P\left\{U_Q(z)>\mathrm{EU}_C(z)+U_C(z)\right\}\\&=1-P\left\{a_j(z)>a_j(z+1)+N\left(\mu,\sigma_z^2\right)\right\}\end{aligned} \tag{4-32}$$

$$p_C(z-1)=1-P\left\{\begin{array}{l}a_i(z-1)>p_C(z)a_i(z)-\left[1-p_C(z)\right]a_i(z+1)+\\ N\left(\mu,\left(1+\left[1-p_C(z)\right]^2+p_C(z)^2\right)\sigma_z^2\right)\end{array}\right\} \tag{4-33}$$

同理，以此类推，得到 $p_C(z-2)$ 直至 $p_C(1)$。

4.2.3 基于博弈实验模型的主体合作分析

为了便于更直观地描述博弈者合作行为的演变规律，本节利用 Matlab 软件对食品质量链合作模型进行数理描述，结果如图 4-2 所示。

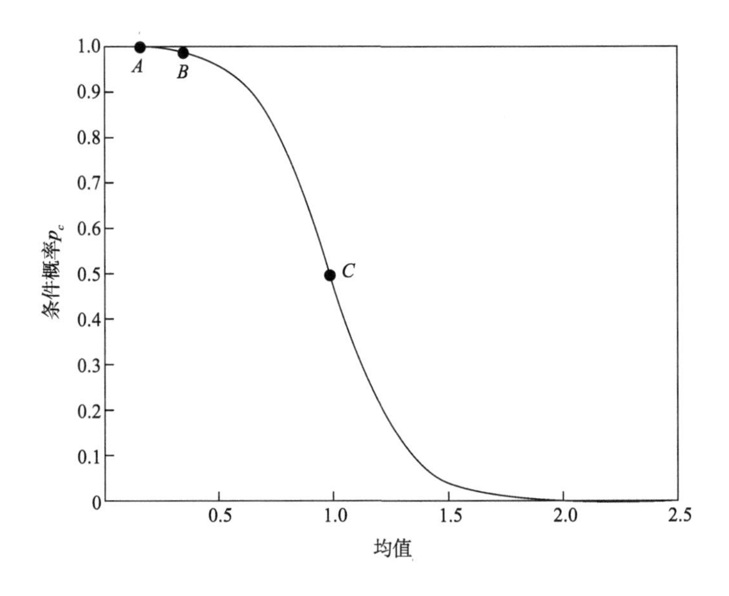

图 4-2 博弈者合作行为的一般概率

食品质量链博弈参与者选择合作策略的概率是单调递减的，但递减的速率是分阶段而不同的。第一阶段为曲线 *AB*，随着均值的递增，博弈参与者选择合作策略的概率减少得较慢；当进入曲线 *BC* 段时，质量链上的博弈主体间合作的概率相对降低较快，在博弈者合作效用的影响下，其采取合作策略的行为概率呈现出一条反“S”形曲线。这与蜈蚣博弈实验的结果是一致的，食品质量链上的博弈主体选择合作策略获得的效用对当期收益的补偿效果是逐渐减弱的。

食品质量链合作博弈中，博弈者的合作效用由于其合作意愿的下降而减少，博弈者的合作效用必定存在差异性。假设 $\mu_1 > \mu_2 > \mu_3 > \mu_4$， $\sigma_1 > \sigma_2 > \sigma_3 > \sigma_4$，在此前提下 σ 和 μ 对博弈者合作行为概率的影响如图 4-3 和图 4-4 所示，图中依次以曲线 1，2，3，4 代表 μ_1,μ_2,μ_3,μ_4 及 $\sigma_1,\sigma_2,\sigma_3,\sigma_4$ 的情况。

由图 4-3、图 4-4 可见，当 σ 值确定， μ 变化时，博弈者的合作行动空间与 μ 成正比；当 μ 值确定， σ 变化时，博弈者的合作行动空间与 σ 成反比。这表明博弈者合作效用的均值水平对博弈者合作行动空间的大小起着促进作用，而其

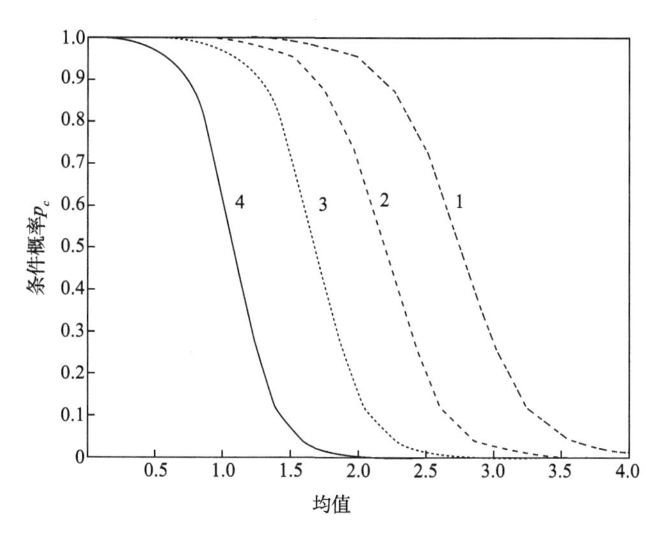

图 4-3　σ 值确定情形下博弈者合作行为概率

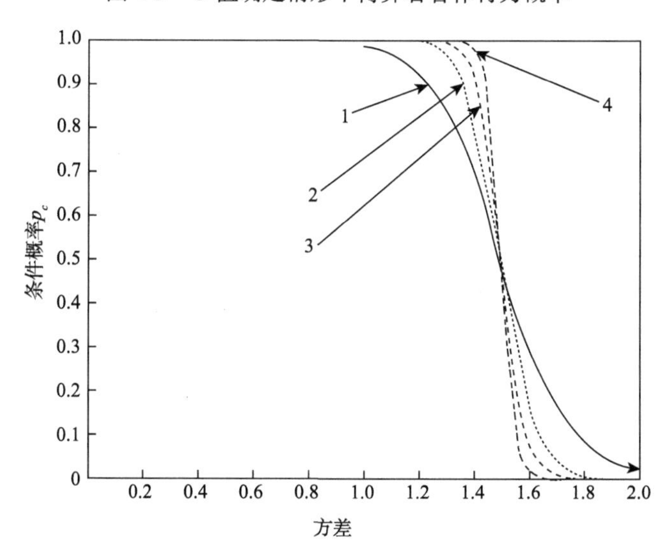

图 4-4　μ 值确定情形下博弈者合作行为概率

方差水平则起着抑制作用。

除此之外，假设 $\mu\in[0,5]$，$0<\sigma\leqslant 10$，以步长 $\lambda=0.1$ 进行数值的仿真分析。从大量的仿真结果来看，并不存在 $p_1<p_2<p_3<p_4$ 的一般规律，这说明 Zauner（1999）的结论与其收益设定值密切相关。总体上来讲，当 μ 值确定时，随着 σ 值的增加，该模型的均衡解将逼近子博弈精炼纳什均衡，即博弈主体开始就选择不合作。随着策略环境的不确定性增加，p_4 与 p_1 表现为对 σ 值变化较高的敏感性，意味着博弈主体在最初阶段和最后阶段的概率不确定性较大，且以

相反的趋势逼近纳什均衡解。

同理，当σ值确定，随着μ值增加，p_i的值都以递增的趋势向极值逼近，σ值较小时p_i可以更快达到极值，但最终趋于一致。这意味着博弈主体对未来合作持较为积极态度，可以提高各个阶段的合作概率。

综上所述，构建食品质量链主体合作机制的关键是一方面要提高博弈者合作效用的均值μ，另一方面要降低博弈者合作效用的方差σ。因此首先应增加质量链博弈主体对未来合作效用的期望，加强彼此间的信任感，信任是合作关系的基础，在食品质量链管理中具有重要作用。其次构造平稳的政策环境，通过激励机制促使质量链博弈主体增加不确定收益的愿望，协助企业之间制定契约，通过契约寻求其他参与者的支持或约束他们的行为，并根据企业的规模、发展战略和风险态度等选择具体的模式，有助于更快地达成合作。

第 5 章　基于 SCP 范式的多主体乳制品质量安全治理模式及其博弈

第 4 章主要研究了食品质量链相关利益主体之间可能存在的冲突及消解这些冲突的方法和促进其合作的机制，但仅分析主体之间冲突的原因和消解办法仍然无法有效地理解利益主体间关系及各主体行为的相互影响关系，进而识别食品质量安全的治理模式。《中华人民共和国食品安全法》（2015 年）确立的“社会共治”模式反映的是一种利益关系，实质是以“公共利益”为取向的政府主导型治理，其他参与治理主体被悄然边缘化且正当利益被疏离，协同效应无法实现（宋丽娟等，2017）。实际上，食品质量链内外各利益主体行为是相互作用的。从企业角度来看，政府监管、社会监督及消费者的选择与维权意识都会影响其对食品质量安全的重视程度与投入力度。例如，国家的宣传力度、消费者的维权意识、“食责险”的保障程度与范围、相关法律法规的完善程度对企业购买食品安全责任保险的意愿都有显著影响（王康等，2018）。从消费者角度来看，政府监管力度、企业声誉与产品质量影响消费者对食品的信心与信任。例如，政府的公信力及产品的质量是影响消费者信任的主要因素（杜义日格其和乌云花，2019）。溯源信息真实性直接影响食品可溯源体系建设和消费者对食品安全的信心（曹裕等，2020）。在发生食品安全事件以后，品牌信任、品牌承诺和品牌亲密正向显著影响消费者宽恕意愿（张蓓等，2019）。从政府角度来看，企业食品质量安全行为、社会舆论、消费者反馈等因素影响着政府采取何种监管措施和强度。例如，中央政府可通过制度设计，实施差异监管，加强信息曝光，完善声誉机制，形成心理威慑效应，改变地方政府和食品生产者对合谋的成本收益的主观感知，以抑制合谋行为（牛亮云和吴林海，2018）。本章将计划行为理论应用于食品质量链各主体的关系与行为分析之中，以深入研究由各主体关系与行为构成的食品质量安全治理模式。

5.1 基于 SCP 范式的乳制品质量链主体关系及其行为分析

5.1.1 SCP 范式概述

Meynaud 和 Bain（1962）建立了 SCP（structure-conduct-performance，结构-行为-绩效）范式的基础，由谢勒发展完善。SCP 范式是一个单向因果模型，它认为市场结构决定市场行为，市场行为决定市场绩效，主要用来反映特定产业中的市场秩序及企业竞争和垄断关系。本节通过 SCP 范式对我国乳制品行业进行分析，根据现有政策和市场情况确定质量治理主体及其相互关系。

在 2008 年三聚氰胺事件发生后，国家和地方相继出台了多项乳业安全规制措施来管控乳制品质量安全，本节将以图 5-1 为研究框架图结合我国政府、企业和消费者在市场中的地位，采用 SCP 范式对我国乳制品行业进行分析。

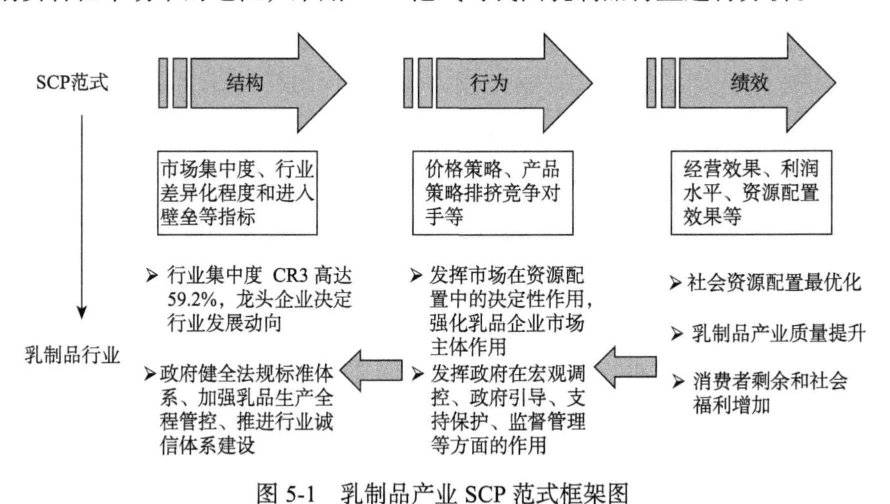

图 5-1 乳制品产业 SCP 范式框架图

5.1.2 乳制品市场结构及其质量链主体关系分析

1. 乳制品行业市场结构分析

从近年来乳制品市场结构的变化可以看到，我国乳制品行业在发展初期市场集中度不高。但是，在市场结构的不断优化和企业的优胜劣汰推动下，我国乳制品市场的集中度不断攀升，逐渐从“垄断竞争型”市场结构转变为“集中寡占型”市场结构。

1）集中度分析

市场集中度包括卖方集中度和买方集中度，本节主要研究卖方集中度即乳制品市场中少数几个较大企业所拥有的生产要素或其所占的销售份额（吴璟和张戎捷，2020）。

我国乳制品行业生产企业众多。根据国家统计局的数据，2019 年末我国规模以上乳制品加工企业已经达到了 627 家（新华社，2017），我国成为仅次于美国与印度的第三大乳制品生产国。与此同时，我国乳制品行业的市场集中度也在不断提高。2018 年乳制品行业集中度 CR10 保持在 65%左右，前两位龙头企业伊利、蒙牛市场占有率分别为 22%、21.8%，呈现较明显的双寡头竞争格局（智研咨询，2018）。

一方面，市场集中度的提高有利于产业的发展；另一方面，头部企业过度垄断会导致市场失衡，在“集中寡占型”的市场结构之下，占主导地位的厂商会行使对市场供给和价格的控制与支配的权利从而获取领域内的优势（刘艳婷，2012）。我国乳制品行业作为重要的民生工业一直受国家控制和引导，国家为了助推乳制品行业的发展，通过农业部（现为农业农村部）主导成立了中国奶业 D20 企业联盟，该联盟的企业生鲜乳收购量占全国的 57%，乳制品销售额占全国的 55%（刘丽，2019）。在这种方式下，国家既可以达到产业规模发展的效果，又可以实现控制行业的目的。

2）产品差异化

产品差异化是指在同类产品的生产中，不同厂商所提供产品具有各自特点。企业制造差别产品的本质是为了吸引消费者从而在市场竞争中占据有利地位。

我国乳制品行业现在虽然不同规模企业的产品在物理特征上有明显差异，但是同组别的企业产品差异化小且竞争激烈。并且乳制品由于类型较为固定且同类产品包装规则较为接近，很容易出现同质化的竞争。

虽然对企业来说，销售渠道的差异化是收益的关键，但现有市场中大多数企业都会采取导购、免费品尝、买赠等活动进行促销，毫无差异化。从我国乳制品产业整体出发，不同类型的企业应当寻求符合自身特性的差异化销售方式来获取利润而不是简单地通过促销来获利。因此，面对这种现象需要消费者从市场需求层面做出反馈，从而引导企业去追求差异化的产品以抢占市场。

3）进入壁垒

进入壁垒是指产业内已有厂商相对于准备进入或正在进入该产业的新厂商所拥有的优势，或是新厂商在进入该产业时所遇到的不利因素和限制（费腾，2017）。

从企业的角度分析，首先，行业内大型企业从奶源环节就占有优先权，再加上投资建立的综合奶站和专用设施，使得新企业根本无法获得优质低成本奶源，造成新企业奶源不足。其次，大型乳制品生产企业以其丰厚的人力、资金和先进工艺设备拥有众多专利技术，造成了小企业技术上的壁垒。最后，大型企业对销售渠道的控制也会影响到新晋企业的市场进入行为。

从政府的角度分析，首先，为了保障乳制品质量安全工作严格有效地进行，由国务院颁发了监管乳制品质量安全的纲领性条例，对生产乳制品和收购运输原乳的许可证实行严格准入制度；其次，对乳制品行业中新进企业实行包括新乳制品生产企业的生产许可证制度、乳制品生产企业的强制检验制和新乳制品产品的市场准入标志制度在内的三个措施建立中国乳制品质量安全市场准入制度。准入规制作为政府对市场进行规制的主要手段，有效地防止了新乳制品生产企业的过度进入。同时，市场准入制度使得乳制品生产企业需要在生产过程中投入大量成本来保证乳制品的质量达到规定标准。政府的严格市场准入制度直接决定了乳制品的市场结构，同时避免了社会资源的浪费。

4）法律法规

乳制品工业作为重要的民生工业，在我国消费市场有着举足轻重的地位。但我国乳制品市场因政府监管不严格而发生的一系列的质量安全事故使得消费者信心缺失。对此，政府需要出台相关政策及规制措施用来指导我国乳制品生产企业的生产经营和市场销售活动，一方面起到维护乳制品消费市场的作用，另一方面起到保障消费者食品安全的作用，最终达到乳制品行业健康稳健发展的目标。

政府规制主要是标准制定、合理监督和行为纠正三种类别，具体如图 5-2 所示。标准制定主要是一种规范、要求或者目标；合理监督是指在有标准的情况下，规制主体对参与方进行监督查看其是否遵守规制的行为；行为纠正是指通过某种措施把那些偏离标准和规范的行为纠正过来（刘召，2010）。

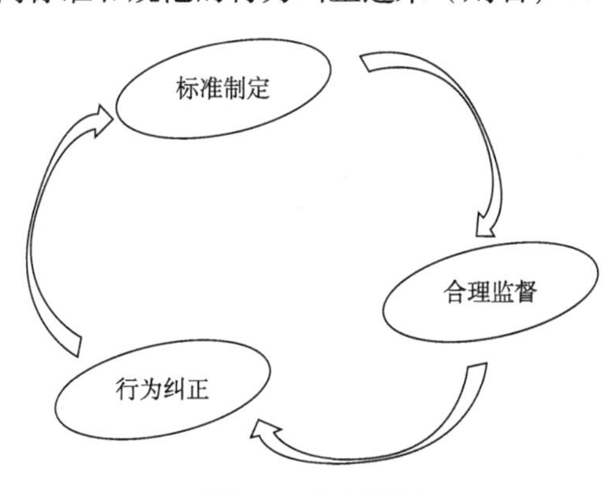

图 5-2　政府规制

在严格监管乳制品行业的同时，我国政府还对上游部分的饲料、奶牛养殖、农机具、动物防疫等提供了激励性规则。

从质量治理的角度来看，政府首先要制定乳制品行业包括企业和产品在内的标准，其次要对生产和消费市场进行有效监督，最后通过行政处罚对企业的不合格行为进行纠正。

2. 乳制品市场三大主体的角色与关系

1）乳制品市场中三大主体的角色

乳制品市场关系主要是由企业、消费者和政府三方构成的，政府角色、企业角色和消费者角色是市场的角色主体。现代买方市场特征标志着市场“权力下移”，即向消费者倾斜与转移（武成果，2006），或者说消费者在市场交换博弈中处于主导地位，扮演拥有选择决定权的角色（舒尔茨和凯奇，2011）。政府是市场环境的构建者和维护者，企业是市场需求的提供者和竞争者，消费者是市场的选择者和购买者，企业和政府应当根据消费者的心理感知价值去找准定位（尚晓玲，2007）。

（1）政府角色。政府承担着市场环境建设和宏观市场调控的责任，在市场中主要是环境的构建者和维护者。虽然单靠政府监管并不能满足消费者对安全食品的需求，但是政府监管的行政权威性和法律严肃性都决定了其在质量安全治理中居于重要地位，其在市场中的角色主要是秩序的维护者。

（2）企业角色。企业是经济发展的微观主体，贡献了国家经济总量的80%，而企业的经济贡献则是通过满足消费者需求来实现的。德鲁克（1989）认为：企业追求利润不是管理决策的原因，而是对管理决策有效性的检验。企业对经营目的只有一个站得住脚的定义，即创造顾客。企业则是通过获取新顾客和扩大客户市场来积累利润的，其在市场中的角色主要是需求的提供者。

（3）消费者角色。消费者不仅是产品及服务的需求者和购买者，也是产品与服务的认知者、使用者、评价者和选择者，消费者的选择权与购买权对市场需求和企业供给具有决定性作用。乳制品行业的发展及产品的质量需要让市场说话，让消费者说话，在当今买方市场的条件下，其在市场中占有主导地位。

2）质量治理中三大主体的关系

消费者、企业及政府作为乳制品市场的三大主体，同时也是质量治理所涉及的三大核心主体。首先，仅仅依靠政府无法完成整个行业的优质发展，虽然政府对食品安全问题的有效监管至关重要，但是仅仅依靠相关规制难以从根本上解决食品安全问题。其次，当前的质量治理思路主要聚焦在政府与企业之间的关系上，忽视了三大主体中消费者的力量，这种思路无法有效解决食品质量安全问题。

从本质上来说，消费者才是市场的决定者，消费者拥有的对产品和品牌的选择权是企业市场竞争的源动力。他们可以通过质量需求和支付意愿等对企业发出信号从而对安全食品的供给形成内在激励，进而实现整个行业的优质发展。因此，构建政府、企业和消费者三方共同参与的责任体系才是保障食品安全的有效途径。

我国乳制品消费市场中的消费者、企业、政府三者关系如图 5-3 所示。乳制品属于信用品，其本身具有质量、价格等属性，而消费者具有风险意识、质量认知、支付意愿等属性。消费者在购买乳制品时可通过其外包装、宣传广告、质量认证标志、购买经验等对产品的质量进行判断并且在购买后通过口感、功效等对质量做进一步的评判。但是，我国消费者目前的经济购买能力、风险识别能力和质量认知水平不高，消费行为既停留在对包装、广告等宣传信息过分盲从的状态，又受到价格因素的制约，所以单一地提升产品质量并不一定能够达到最优结果，还需要企业的引导和政府的监管。

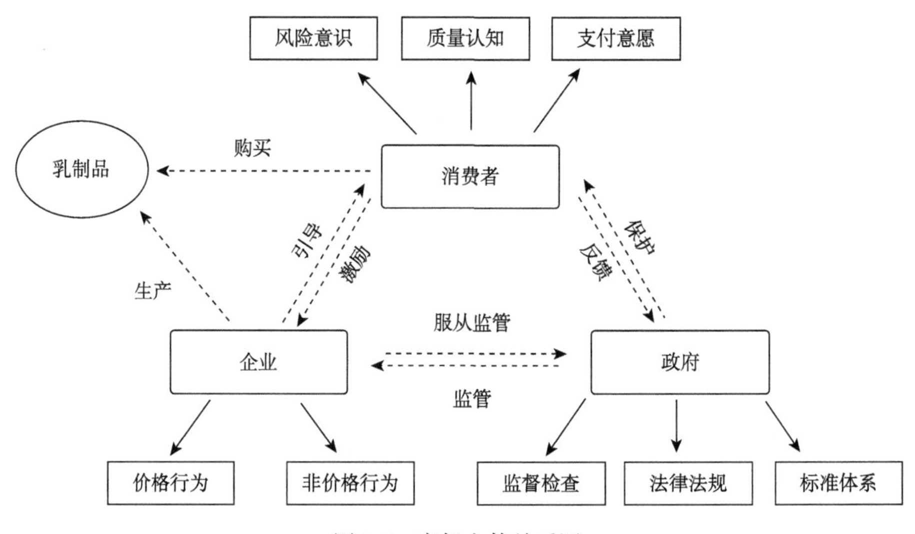

图 5-3 市场主体关系图

具体来说，消费者可以通过购买意愿直接对企业的供给形成内在激励，企业通过宣传来引导消费者对产品质量的感知及消费；政府通过公益广告、标准体系等来保护引导消费者的消费行为，而消费者可以向政府反馈消费过程中遇到的问题；政府通过制定法律法规和实施监督对乳制品生产企业进行监管，而企业则依据法律标准进行生产运作。通过三大参与主体的共同协作才可以达到乳制品行业的高质量发展。

5.1.3　基于 SCP 范式的乳制品质量链主体行为与绩效分析

1. 乳制品行业市场行为分析

市场行为是指企业为实现其经营目标而根据市场环境采取相应行动的行为，主要包括价格行为、非价格行为和组织调整行为（张楠和齐晓辉，2013）。

当前我国乳制品市场的寡占型结构意味着现阶段的行业竞争性较强并且更侧重技术创新、产品差异化等非价格行为。但是，在垄断条件下，厂商间可以通过价格与产量合谋、垄断性兼并与收购等手段来谋求高额垄断利润。这些行为危害了消费者的利益，损害了资源配置效率与社会福利。

1）价格行为

我国的原奶收购价和乳制品的销售价格一直不高，导致奶农和乳制品生产企业的利益都得不到保障（何玉成，2009）。尽管乳制品售价低廉，但我国乳制品消费市场的价格战却一直在持续，有的企业采取特价销售、捆绑销售等手段进行长时间的低水平恶性竞争，导致整个乳制品行业的利润空间进一步缩小。

价格竞争的背后是成本领先，激烈的价格竞争对企业的生产技术、工艺设备、管理水平提出了更高的要求（周剑，2011），迫使企业寻求技术创新等非价格竞争手段来提高利润。但有些无法提高生产水平的企业在利润压力之下就会选择违规生产质量不合格产品，从而引发社会性食品安全问题。例如，2008 年的三聚氰胺事件就是乳制品生产企业妄图以低价策略占领市场，在乳制品中添加三聚氰胺以达到提高蛋白质含量的目的，引发了乳制品质量问题。

2）非价格行为

非价格行为主要是指企业为了提高市场占有率和竞争力做出的改革和创新，涉及产品创新、广告宣传和售后服务等方面（徐勤增，2019）。单纯的价格行为会导致社会福利的下降并且损害到企业自身的利益，所以企业必须考虑采用其他非价格行为去抢占市场份额。

（1）产品创新。企业只有通过品牌创新、营销创新等手段才能超越竞争对手。在当前市场中更需要注重功能性乳制品的研发，以满足消费者对膳食均衡营养的需求，通过高质量打开消费市场。

（2）广告宣传。乳制品有着独特的信用品特征，仅仅依靠质量的提升是不够的，还需要新的包装才能赢得个性化的市场。从行业数据来看，高额的广告投入可以给企业带来高额的收益，这说明消费者在购买乳制品时受到广告的影响较为显著。

3）组织调整行为

在国内乳制品生产企业的激烈竞争中，有实力、有资源的乳制品生产企业可以通过兼并重组来扩大市场份额，兼并重组的行为使得乳品加工制造实现了规模经济，是乳制品生产企业竞争的重要手段之一（王代军，2018）。

2. 乳制品行业市场绩效分析

市场绩效是指在特定的市场结构和市场行为条件下，某一个产业在价格、产量、费用、利润、产品的质量、技术进步等方面所达到的现实状态（高振轩，2020），该指标主要反映了市场的运行效率。

乳制品的信用品特征决定了消费者无法在产生购买行为之前判断产品质量的优劣。生产企业作为一个经济利益体，其最终目标是追逐利益最大化，其往往会在逐利的过程中不遵循规则采取恶性价格竞争。过分强调低价策略而降低乳制品质量以占领市场，进而导致整体社会福利下降，最终威胁到乳制品生产企业本身。

2008 年的三聚氰胺事件导致当年的利润率不及 2007 年的一半；而在国家的大力整顿下，利润率又得到了快速回升。由此可见，乳制品的质量安全状况对市场绩效有直接影响，且政府规制对市场绩效也有显著影响。

5.1.4 基于计划行为理论的政府影响下的消费者行为分析

1. 基于计划行为理论的消费者购买意愿模型的构建

1）计划行为理论

计划行为理论是态度-行为领域最经典的理论之一，该理论认为行为态度、主观规范及感知行为控制三大因素共同决定个体的行为意向，个体的行为又由个体的意愿决定，具体如图 5-4 所示。该理论假设个体的行为态度越趋于正向，个体的行为意向越高；个体的主观规范越强，个体从事该行为的意愿越强；个体的感知行为控制越强，该个体从事该行为的意愿越强（Ajzen，1991）。

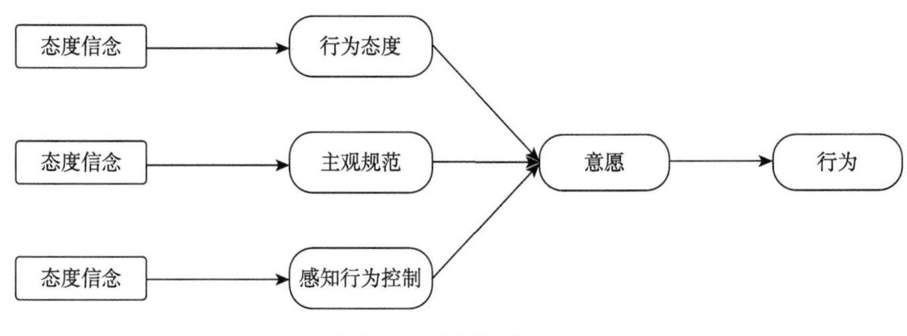

图 5-4 计划行为理论

人始终是供应链系统中的核心组成部分，在供应链运作过程中起着难以替代的作用。在实际中，个体的决策并非完全理想，而是容易受到自身主观行为因素的影响，在这种情况之下，消费者是有限理性的（Aumann，1997）。因此，本节将采用计划行为理论对消费者购买意愿的多层次因素进行研究。

2）消费者选择意愿的影响因素

由计划行为理论可知，个体的意向直接影响个人行为的发生，个体的行为意向越强烈，则其采取行动的可能性就越大，而个体行为意向又取决于个体行为态度、主观规范和感知行为控制的综合作用。

消费者对乳制品的购买意愿本质上也是个人决策的一种表现，同样会受到个体态度及环境感知的影响。本节结合计划行为理论，假设消费者决策意愿主要受到消费者的风险认知、质量认知和政府影响等因素的影响，从而测度消费者对乳制品产品的购买意愿。

（1）购买意愿。虽然实际情况中，意愿与具体行为之间可能存在一定的差异，但结合研究问题的具体性，本节假设消费者的购买意愿和购买行为是一致的，故本节假设行为由意愿决定，该消费者的意愿最终决定其个人的购买行为。

（2）消费者风险认知。风险认知理论认为，很多情况下由消费者食品安全风险恐慌心理造成的损失远高于食品安全问题本身，决定消费者食品安全行为的是消费者对食品安全风险的主观认知而非实际风险。该变量主要测度消费者个人对食品安全风险的感知与规避程度。

（3）消费者质量认知。消费者质量认知主要指消费者对食品安全状况及对政府监管状况的评价。

（4）政府影响。政府影响变量主要指消费者对食品安全监管体系的了解程度，以及对政府相关信息公开的满意程度等。

基于计划行为理论结合乳制品消费市场的实际情况，本节提出改进后的消费者购买意愿模型，如图 5-5 所示。

2. 基于计划行为理论的消费者购买意愿选择模型实证分析

实证分析基于前一部分中改进后的消费者购买意愿模型，通过制定调查问卷和量表对消费者的实际购买行为进行探析。本节提出部分假设并通过结构方程模型证明该假设的合理性。

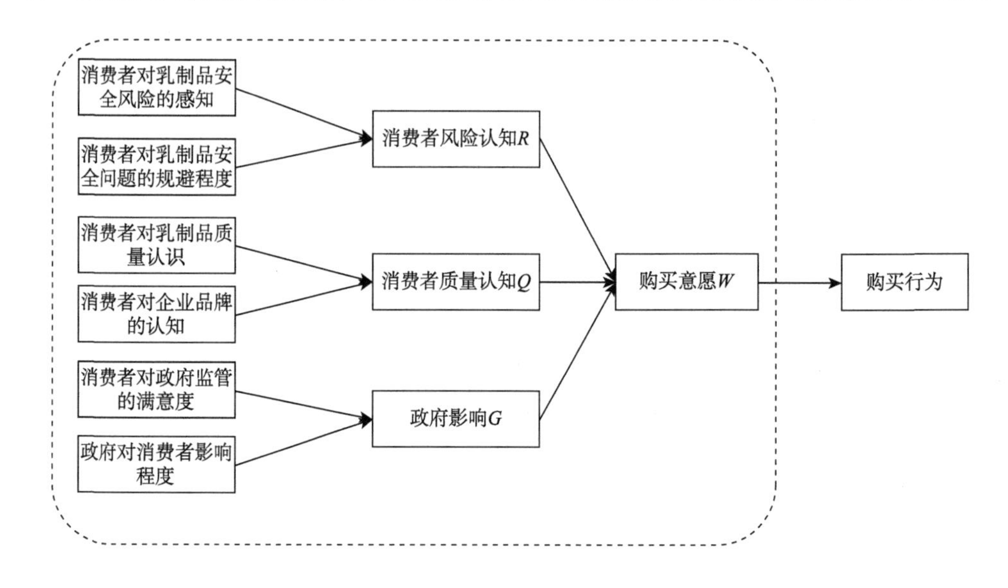

图 5-5 改进后的消费者购买意愿模型

1）研究假设

A. 预测变量

基于计划行为理论，结合乳制品行业消费的特性构建了消费者行为选择模型，基于相关理论进行分析，提出以下假设并将通过实证分析验证其正确性。

H5-1：个体的行为意向越强，越有可能从事该行为。

行为意向是指个体从事某行为的意愿，即个体决定是否从事该行为时，个体是否会采取行动的心理强度。本节假设消费者的购买意愿和购买行为是一致的，不另外探究意愿与行为之间的关系。

H5-2：消费者的风险认知会正向影响消费者的行为意向。

本节假设消费者对乳制品安全风险的规避程度越高，越愿意购买高质量的乳制品，也即消费者对质量安全问题的认知程度越高，消费者购买的意愿就越高。

H5-3：消费者的质量认知会正向影响消费者的行为意向，也即消费者对质量标准的认知水平越高，消费者从事该行为的意愿也越强。

H5-4：政府对消费者的影响程度会正向影响消费者的行为意向。

消费者对政府信息公开的满意度越高，认为政府在质量治理中发挥的作用越大，选择购买的意愿就越强烈。

B. 结果变量

（1）购买高质量产品意愿。根据研究需求，本节在问卷中直接设置了“愿意花高价购买高质量产品的意愿”这一变量用来调查消费者的意愿。

（2）不同质量和单价的乳制品选择。单一的提问并不能完全表达出消费者的意愿，故本节设置了 6 种不同质量和价格的乳制品：①质量评分 60，价格为 5 元；②质量评分 72，价格为 7 元；③质量评分 78，价格为 9 元；④质量评分 84，价格为 12 元；⑤质量评分 90，价格为 15 元；⑥质量评分 95，价格为 17 元。让被调查者对购买意向进行排序。

（3）质量溢价。基于前一问的 6 种乳制品，在给定消费者金额的前提下，让其选择想要购买的商品，通过质量和价格来计算消费者愿意为了质量的提高而多付的价格。

2）问卷设计与探索性因子分析

A. 问卷发放与回收

本次调查先发放了部分问卷作为预调查，在预调查的基础之上对部分题设和选项做了修改，最终确定正式问卷并进行发放。发放结束后一共回收问卷 397 份，其中有效问卷 355 份，回收问卷的样本结构如表 5-1 所示。

表 5-1　样本结构表

个体特征	选项内容	频数	占比
性别	男	127	35.77%
	女	228	64.23%
年龄	25 岁以下	57	16.06%
	25~35 岁	50	14.08%
	36~45 岁	174	49.01%
	46~55 岁	72	20.28%
	55 岁以上	2	0.56%
职业	乳制品相关行业	328	92.39%
	其他	27	7.61%
学历	高中及以下	63	17.75%
	大专及本科	232	65.35%
	硕士及以上	60	16.90%

B. 因子分析

（1）可靠性检验。信度分析也称可靠性分析，主要用来测量样本的回答结果是否可靠，即被调查样本有没有真实作答量表类题项。本节中对问卷进行检验，得到 Cronbach's α 系数为 0.771，检验通过（黄良文，1988）。

（2）KMO 和 Bartlett's 球形检验。本节对消费者购买意愿相关因素的 14 个题项进行因子分析，检验结果显示，KMO 值为 0.713，超过了 0.6 的标准值（黄良文，1988），说明该数据较为适合做因子分析。Bartlett's 球形检验得到的显著性水平为 0.000，通过了显著性水平，可以做因子分析。

（3）探索性因子分析。在前文检验基础之上，采用主成分分析，应用最大差异法对数据进行正交旋转，得到各题项的因子载荷以及信度与效度检验值，如表 5-2 所示。

表 5-2　变量统计分析表

变量及测量维度		Cronbach's α	因子载荷	KMO 值
购买意愿（*W*）	高价购买意愿	0.826	0.822	0.735
	商品溢价支付意愿		0.913	
	单位价格支付意愿		0.926	
消费者质量认知（*Q*）	质量问题	0.741	0.642	0.697
	QS 标志		0.536	
	品牌的知名程度		0.616	
	生产日期及保质期		0.654	
	营养成分及含量		0.726	
消费者风险认知（*R*）	安全隐患	0.753	0.910	0.690
	容忍程度		0.920	
政府影响（*G*）	政府对个体行为的影响	0.775	0.850	0.722
	政府满意程度		0.838	
	政府重要程度		0.869	
	政府影响程度		0.778	

注：QS：quality safety，质量安全

3）消费者意愿影响因素的结构方程模型

在前一部分的因子分析基础之上，本部分将应用结构方程模型（structural equation model，SEM）对提出的假设进行检验。首先，根据改进后的消费者行为模型进行初步设定，得出结果如图 5-6 所示。

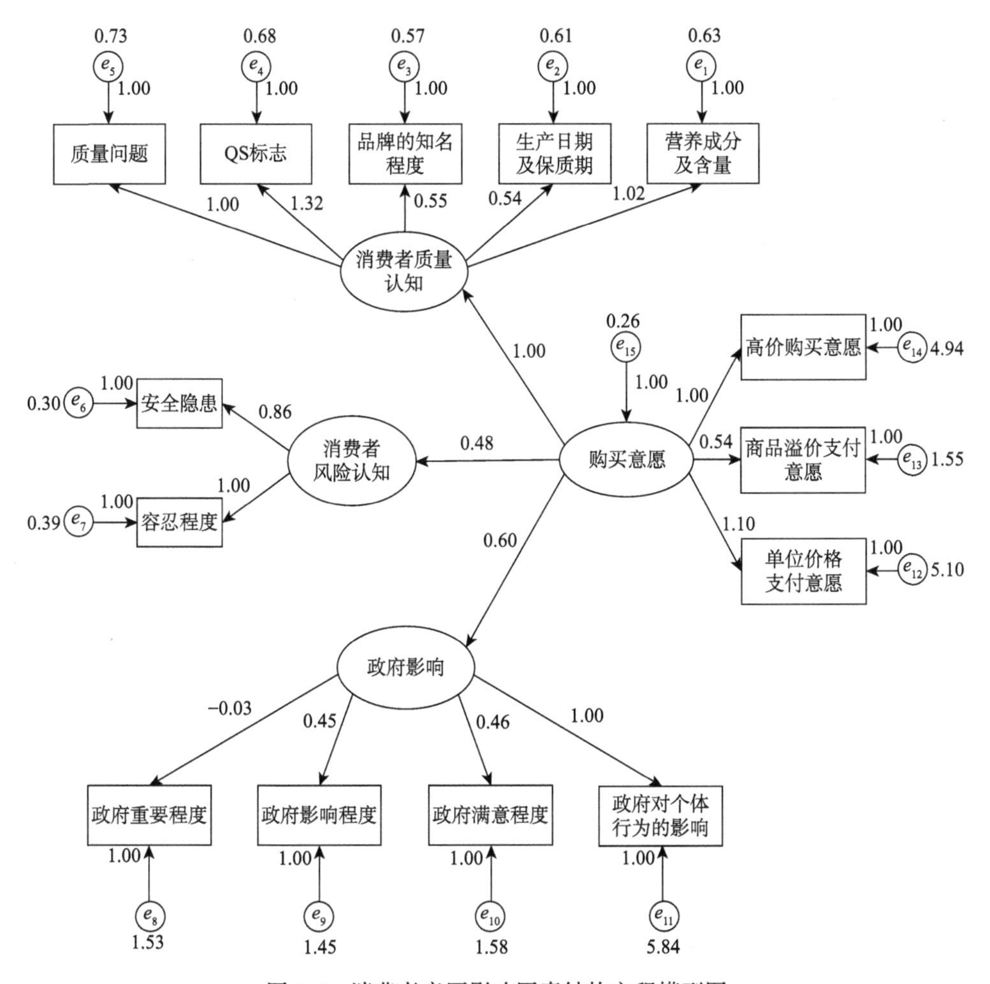

图 5-6　消费者意愿影响因素结构方程模型图

在模型的检验中，发现有部分影响因素未通过显著性检验，故在后续分析中剔除该因素。在该模型的输出结果中存在部分误差项之间的 M.I.系数过大；对此，通过 M.I.系数对模型进行修正（吴明隆，2010），得到修正后的结构方程模型如图 5-7 所示。

修正后的结构方程各项拟合指标如表 5-3 所示，从表中数据可以看到，卡方自由度比值 CMIN/DF 为 2.374，符合小于可接受值 3；拟合优度指标 GFI 为 0.917，符合大于 0.9 的理想标准；调整后的拟合优度指标 AGFI 为 0.876，符合大于 0.8 的合理范围；基准拟合指数 NFI 为 0.857，符合大于 0.8 的合理范围；模型整体适配度主要指标 CFI 及 RMSEA 均达到适配度标准（邹雅玲，2015；吴明隆，2010）。修正后的结构方程模型图与观察数据的契合度尚可，之前提出的假设基本得到验证。

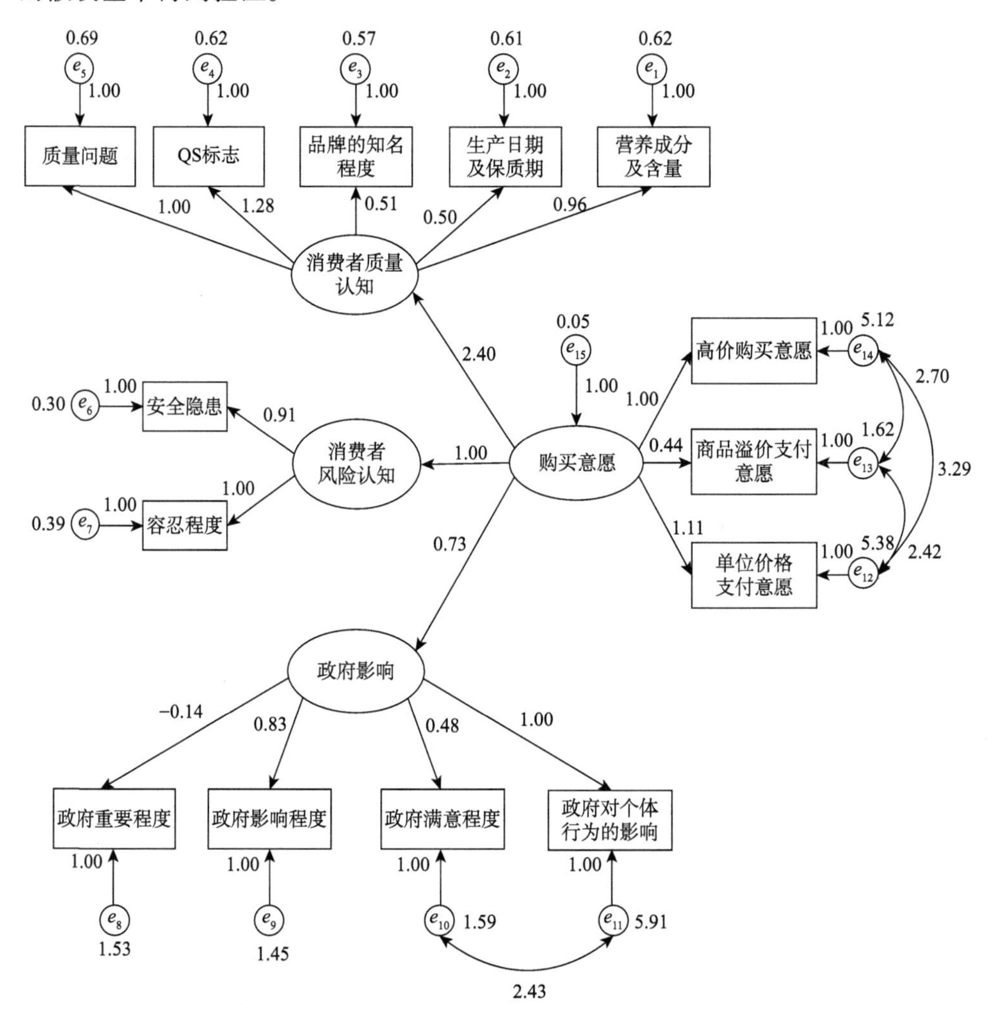

图 5-7 消费者意愿影响因素结构方程模型图（修正后）

表 5-3 拟合数值表

统计检验量	CMIN/DF	GFI	AGFI	NFI	CFI	IFI	RMSEA
理想值	<2	>0.9	>0.9	>0.9	>0.9	>0.9	<0.05
可接受	<3	>0.8	>0.8	>0.8	>0.8	>0.8	<0.08
实际值	2.374	0.917	0.876	0.857	0.894	0.895	0.073
评价	合适	理想	合适	合适	合适	合适	合适

从结构方程的模型图可以看出，消费者质量认知、消费者风险认知和政府影响都对消费者购买意愿有正向影响。基于此，本节提出的 H5-2、H5-3、H5-4 都

得到了验证。从系数上来看，在三类影响因素中消费者质量认知这一潜变量对消费者的购买意愿影响最大，其次是消费者风险认知，最后是政府影响。对三个潜变量之间的关系做标准化处理后，可以得到三者的影响系数分别为 0.581、0.242 和 0.177。

根据上述结构方程模型的假设，本节构建消费者选择意愿函数如下：

$$W = \beta^{Q}Q + \beta^{R}R + \beta^{G}G \tag{5-1}$$

其中，β^{Q} 为消费者质量认知系数；β^{R} 为消费者风险认知系数；β^{G} 为政府影响系数。

在本节的设定中，上述三个系数是由消费者自身的属性所决定的，不受外界干预，不同群体的消费者对影响因素有不同的权重；另外，政府和企业可以调节质量、价格、政策等因子来改变参数的值，从而达到对消费者意愿的改变，进而达到控制市场的目的。

5.2　基于 SCP 范式的乳制品质量安全治理多主体博弈

5.2.1　考虑质量投入的乳制品生产企业与消费者的博弈模型

1. 乳制品供应链概述

根据供应链的定义，乳制品供应链是以乳制品为对象，围绕核心企业，通过对物流、资金流和信息流的控制，连接从原奶生产采购到加工，再通过经销商、配送商等运输至商超，最后卖给消费者的所有环节的功能网链模型（薛立立，2014；白世贞和刘忠刚，2013）。

根据前文对我国乳制品市场的分析可知，我国乳制品行业是在政府监管下的市场集中度比较高的行业，作为乳制品供应链核心的乳制品生产企业可以通过调整生产投入来控制自己的利润，同时消费者可以通过自身的购买行为对企业做出反馈。本节根据主要研究内容对乳制品供应链做出简化，具体结构如图 5-8 所示。

2. 基于消费者行为的乳制品供应链分析

1）基于消费者选择行为的需求函数

根据前文，消费者的质量认知水平、风险认知水平及政府的政策都会对消费

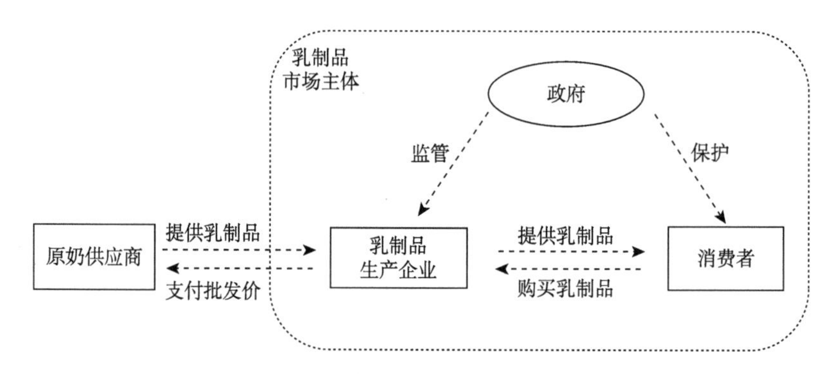

图 5-8　简化后的供应链结构图

者购买高质量乳制品的意愿有影响。为了便于后续分析，本节采用 Logit 对消费者购买意愿模型进行转化，从而给出乳制品市场不同质量乳制品的需求函数。

构建 Logit 模型如下：

$$\begin{cases} f(W) = \dfrac{1}{1+\mathrm{e}^{-W}} \\ W = \beta^Q Q + \beta^R R + \beta^G G \end{cases} \tag{5-2}$$

其中，W 为个体的购买意愿，并决定了消费者在该时刻的购买行为。理论上意向与行为之间存在一定差异，但本节主要研究的是消费者的购买倾向，故本节默认有购买意向的消费者会购买商品。

β^Q 、β^R 、β^G 为常数项，取值范围为（0,1），且 $\beta^Q+\beta^R+\beta^G=1$，该系数表示消费者质量认知、风险认知和政府影响因素的权重。

假设消费者个人的当期购买行为由该时刻的购买意愿决定，则消费者个人的行为选择策略空间为$\{0,1\}$，其中 1 表示愿意购买，0 表示不愿意购买。用 0-1 变量y表示消费者的消费选择情况。假设其服从 Bernoulli 分布 $B(1, f(W))$，其中，$y=1$表示愿意购买，$y=0$表示不愿意购买，则有

$$P(y=k) = f(W)^k (1-f(W))^{1-k} \tag{5-3}$$

其中，k=0,1。$f(W)$为消费者做出选择时的概率，购买的概率为 $f(W)$，不购买的概率为$1-f(W)$。则期望为

$$E(y) = f(W) \tag{5-4}$$

因此，在市场规模为 a 的市场中，高质量商品的销售量为 $af(W)$：

$$N_1 = af(W) = a\left[\frac{1}{1+\mathrm{e}^{-(\beta^Q Q+\beta^R R+\beta^G G)}}\right] \tag{5-5}$$

2）考虑消费者行为的企业成本函数构建

为了方便本节的研究，我们仅仅将市场中乳制品分为普通牛奶与优质牛奶，

而优质牛奶的等级由乳制品生产企业的质量投入来决定。本节主要研究的是以消费者购买行为为核心的博弈模型，且在决策上只设置了生产高质量乳制品和生产低质量乳制品两个策略，故构建企业成本函数如下：

$$C_E = C_0 + C_q \tag{5-6}$$

其中，C_E 为企业总成本；C_0 为企业固定成本；C_q 为企业质量投入成本。

3）消费者效用函数

本节依照因素选择交易效用理论引入价格和质量两个参数去构建消费者效用函数。Thaler（1983）在前景理论的基础之上提出了交易效用理论，该理论认为消费者在购买商品时所得效用包括获得效用和交易效用两部分。获得效用是指用消费者获得的产品利益减去其价格支付，是消费者为了获取该产品所愿意付出的最高价格与实际价格之间的差距；交易效用是对交易本身的感知价值的测度，指的是消费者实际付出的价格与心理预期价格的比较，如果实际付出的价格比顾客的期望价格低，那么消费者在该交易过程中可以得到财务上的利益。此处假设乳制品的价格可以通过乳制品生产时的质量投入来表示：

$$W\left(Z,P,P^*\right)=V\left(\bar{P},-P\right)+V\left(-P:-P^*\right) \tag{5-7}$$

其中，P 为为了获得商品 Z 所必须支付的价格；$\bar{P}$ 为产品 Z 的价值当量，也即对于消费者来说得到商品 Z 与得到 $\bar{P}$ 的钱是等效的；P^* 为 Z 的参考价格，也即消费者在购买产品时对产品的价格预期。

根据 Thaler 的交易效用理论再结合 Choudhar 等（2005）提出的消费者效用函数，本节定义单个乳制品消费者效用函数如下：

$$U_{ci} = U_{ai} + U_{ti} \tag{5-8}$$

其中，U_{ci} 为消费者 i 的效用函数；U_{ai} 为消费者 i 的获得效用；U_{ti} 为消费者 i 的交易效用。

$$U_{ai} = \bar{P} - P = \left(1+\theta_i\right)q - P \tag{5-9}$$

其中，P 为商品售价；$\bar{P}$ 为价值当量，用产品质量来衡量；q 为产品的质量，用产品的成本来表示，企业的质量投入越高，产品质量就越高；$\theta_i\left(\theta_i \in [0,1]\right)$ 为消费者的质量边际价值。

$$U_{ti} = P_i^* - P \tag{5-10}$$

其中，P_i^* 为消费者的心理预期价格。

对于商品的价值当量 $\bar{P} = \left(1+\theta_i\right)q$，对于任意给定的价格，$\theta_i$ 越高，消费者愿意为产品支付的溢价越高。

对于消费者来说，预期价格可以分为内部参考价格和外部参考价格，内部参考价格主要随时间形成，消费者会对同一产品在不同时间上的价格进行比较从而形成一个参考价格；外部价格是指消费者在购买某个商品的同时会通过比较同类型产品来评估待购商品的价格。对于本节研究的消费者群体而言，在整个消费市场中，外部价格可以用该商品的市场均价来估计。市场中消费者的质量认知水平会服从一定的分布，在研究消费者群体的质量认知水平时可以用其期望来代替。对于整个市场中的消费者群体：

$$U_c=\sum_{i=1}^{n}U_{ci}=\sum_{i=1}^{n}\left(U_{ai}+U_{ti}\right)=\left[1+E(\theta)\right]C_E+nP^*-2np \quad (5\text{-}11)$$

其中，U_c为消费者的效用函数；U_a为消费者获得效用；U_t为消费者交易效用；P^*为市场均价；p为商品价格；$E(\theta)$为消费者质量感知的期望。

4）政府的效用函数

政府的效用为生产者剩余和消费者剩余之和（周剑，2011），本节中的消费者剩余用消费者效用来表示，生产者剩余用企业的收益来表示。

$$U_g=U_c+U_e-C_g \quad (5\text{-}12)$$

其中，U_g为政府的效用；U_c为消费者剩余；U_e为生产者剩余；C_g为政府监管成本。

5.2.2 考虑消费者行为的政府与乳制品生产企业间质量监管博弈模型

1. 政府与乳制品生产企业间质量监管博弈模型假设

本节选择政府监管部门和乳制品生产企业两个行为主体，研究两个行为主体之间进行博弈以选择实现自身利益最大化的策略，为了便于研究政府监管部门和乳制品生产企业的行为策略，做出如下基本假设。

（1）该博弈模型有两个参与者，分别是政府监管部门和乳制品生产企业，且参与博弈的双方都会采取有利于自己的行动。

（2）政府监管部门的策略集合为$S_g=$（严格监管，宽松监管）；乳制品生产企业的策略集合为$S_g=$（生产高质量产品，生产低质量产品）。

（3）乳制品生产企业的一般生产成本记为C_e；如果企业选择生产高质量乳制品，需要在技术和设备上增加额外投入，记为ΔC_e；与此同时，若企业生产低质量乳制品，其通过偷工减料可以减少的成本记为$\Delta C_e'$。

（4）政府若选择“严格监管”则需要加强监管的资金投入，政府增加的监管成本记为C_g。

（5）乳制品生产企业的销售收益为$E_e\left(E_e>C_e+\Delta C_e\right)$。

（6）当乳制品生产企业选择“生产低质量乳制品”策略时，如果政府监管部门选择“严格监管”策略，则一定可以发现乳制品的质量安全问题从而对企业做出处罚，罚金记为 F_e；如果政府在严格监管过程中发现乳制品生产企业主动优化生产，提供高质量产品，政府则会给予企业一部分奖励，记为 G_e。

（7）当政府选择“严格监管”策略时，或者政府选择“宽松监管”但乳制品生产企业选择生产高质量乳制品策略时，消费者在市场上购买到优质乳制品时就会默认政府做好了监管的职责，这将给政府带来正面效益，记为 H_g；当政府监管部门选择“宽松监管”且乳制品生产企业选择“生产低质量产品”策略时，则会导致乳制品质量安全事故发生，从而给政府带来负面效应，记为 L_g。

（8）企业生产高质量产品有利于品牌形象的树立以及消费者信任的获取，由此带来的正向收益记为 ΔE_e；企业由于产品质量安全问题被查处曝光带来的负面效应，记为 $\Delta E_e'$。

（9）在实际生产中，对于乳制品生产企业和政府相关监管部门来说，发生食品安全事故带来的负面影响远大于高质量生产带来的正面效益，即 $0<H_g<L_g$，$0<\Delta E_e<\Delta E_e'$。

2. 政府与乳制品生产企业间质量监管博弈模型分析

基于上述假设，本节构建政府监管部门同乳制品生产企业之间的收益矩阵如表 5-4 所示。

表 5-4　政府与乳制品生产企业间质量监管博弈策略矩阵

策略选择		乳制品生产企业	
		生产高质量乳制品	生产低质量乳制品
政府监管部门	严格监管	$(H_g-C_g,E_e+\Delta E_e-C_e-\Delta C_e)$	$(H_g+F_e-C_g,-\Delta E_e'-C_e+\Delta C_e'-F_e)$
	宽松监管	$(H_g,E_e+\Delta E_e-C_e-\Delta C_e)$	$(-L_g,E_e-C_e+\Delta C_e')$

（1）若 $(E_e+\Delta E_e-C_e-\Delta C_e)\geqslant(E_e-C_e+\Delta C_e')$，即 $\Delta E_e-\Delta C_e\geqslant\Delta C_e'$，当乳制品生产企业选择“生产高质量乳制品”策略时其带来的额外收益减去生产高质量乳制品多支出的成本高于生产低质量产品偷工减料省去的成本时，该博弈模型存在唯一纯策略纳什均衡 $(H_g,E_e+\Delta E_e-C_e-\Delta C_e)$，也即乳制品生产企业选择“生产高质量乳制品”策略而政府部门无需对企业进行严格监管。在这种情形下，政府、企业和社会都能达到效用最大化。

（2）若 $(E_e+\Delta E_e-C_e-\Delta C_e)\leqslant(E_e-C_e+\Delta C_e')$，即 $\Delta E_e-\Delta C_e\leqslant\Delta C_e'$，也即乳制品生产企业选择“生产高质量乳制品”策略时带来的额外收益减去生产高质

量产品多支出的成本并不能弥补生产低质量产品偷工减料省去的成本时，有如下推论。

推论 5-1 如果政府选择“严格监管”策略，那么相对应地，乳制品生产企业存在唯一占优策略，也即“生产高质量产品”策略；如果政府监管部门选择“宽松监管”策略，那么乳制品生产企业存在“生产低质量产品”这一唯一占优策略。

证明 当政府监管部门选择“严格监管”时，乳制品生产企业选择“生产高质量产品”策略的收益$(E_e+\Delta E_e-C_e-\Delta C_e)$显然远大于企业选择“生产低质量产品”时的收益$(-\Delta E_e'-C_e+\Delta C_e'-F_e)$；而当政府选择“宽松监管”策略时，乳制品生产企业选择“生产低质量产品”策略的收益$(E_e-C_e+\Delta C_e')$要高于其选择“生产低质量产品”策略的收益$(E_e+\Delta E_e-C_e-\Delta C_e)$。

推论 5-2 如果乳制品生产企业选择“生产高质量产品”策略，那么此时政府存在唯一占优策略“宽松监管”；如果乳制品生产企业选择“生产低质量产品”策略，那么此时政府存在唯一占优策略“严格监管”。

证明 当乳制品生产企业选择“生产高质量产品”策略时，政府监管部门选择“宽松监管”策略获得的收益H_g显然大于其选择“严格监管”时获得的收益(H_g-C_g)；当乳制品生产企业“生产低质量产品”策略时，政府监管部门选择“严格监管”策略的收益$(H_g+F_e-C_g)$显然大于其选择“宽松监管”策略的收益$(-L_g)$。

5.2.3 政府与乳制品生产企业间质量监管博弈混合策略模型构建及分析

1. 政府与乳制品生产企业间质量监管博弈混合策略模型构建

假如对于任意一个策略$y\neq x$，不等式$u[x,\lambda y+(1-\lambda)x]>u[y,\lambda y+(1-\lambda)x]$，存在$\bar{\lambda}_y\in(0,1)$，对于所有的$\lambda\in(0,\bar{\lambda}_y)$，使该不等式均成立，那么$x\in\varDelta$是一个演化稳定策略（evolutionarily stable strategy，ESS）。

在实际供应链中，乳制品生产企业并不知道政府监管部门的监管力度的大小。本节假定政府选择“严格监管”的概率为$x(0<x<1)$，选择“宽松监管”的概率为$(1-x)$；乳制品生产企业选择“生产高质量产品”策略的概率为$y(0<y<1)$，选择“生产低质量产品”策略的概率为$(1-y)$。政府与乳制品生产企业间质量监管博弈混合策略矩阵如表 5-5 所示。

表 5-5　政府与乳制品生产企业间质量监管博弈混合策略矩阵

策略选择		乳制品生产企业	
		生产高质量乳制品 y	生产低质量乳制品（$1-y$）
政府监管部门	严格监管 x	$\left(H_g-C_g-G_e, E_e+\Delta E_e+G_e-C_e-\Delta C_e\right)$	$\left(H_g+F_e-C_g,-\Delta E_e'-C_e+\Delta C_e'-F_e\right)$
	宽松监管 $(1-x)$	$\left(H_g, E_e+\Delta E_e-C_e-\Delta C_e\right)$	$\left(-L_g, E_e-C_e+\Delta C_e'\right)$

2. 政府与乳制品生产企业间质量监管博弈混合策略模型分析

经过不断地观察和博弈，整个群体中互相博弈的个体最终将实现持续稳定的平衡状态，也就是演化稳定策略均衡。其中，选取某一种策略能够得到的支付同平均支付之间的差值与选取该种策略数目的增长率相等就被称为复制动态（于慧，2015），复制动态微分形式表示为

$$\frac{\mathrm{d}x_i}{\mathrm{d}t}=\left[u\left(e_i,x\right)-u\left(x,x\right)\right]x_i \tag{5-13}$$

其中，$u\left(e_i,x\right)$ 为个体在随机匹配的时候，选取纯策略 e_i 的个体能够得到的期望；$u\left(x,x\right)$ 为群体期望的平均值；$\frac{\mathrm{d}x_i}{\mathrm{d}t}$ 为 x_i 对时间 t 的导数。

通过分析上述混合策略矩阵，可以得到政府监管部门选择“严格监管”策略时的期望收益为

$$E_{g1}=y\left(H_g-C_g-G_e\right)+\left(1-y\right)\left(H_g+F_e-C_g\right) \tag{5-14}$$

政府选择“宽松监管”策略时的期望收益为

$$E_{g2}=yH_g+\left(1-y\right)\left(-L_g\right) \tag{5-15}$$

政府的平均期望收益为

$$\begin{aligned}\bar{E}_g&=xE_{g1}+\left(1-x\right)E_{g_2}\\&=xy\left(-F_e-H_g-L_g\right)+x\left(H_g+F_e-C_g+L_g\right)+y\left(H_g+L_g\right)-L_g\end{aligned} \tag{5-16}$$

由此得到政府选择严格监管乳制品生产企业的动态复制方程为

$$U_g=\frac{\mathrm{d}x}{\mathrm{d}t}=x\left(E_{g1}-\bar{E}_g\right)=x\left(1-x\right)\left(E_{g1}-E_{g2}\right) \tag{5-17}$$

化简可得

$$U_g=x\left(1-x\right)\left(1-y\right)\left(F_e+H_g+L_g\right)-x\left(1-x\right)C_g \tag{5-18}$$

同理，计算乳制品生产企业选择“生产高质量产品”策略时的期望收益为

$$E_{e1}=x\left(E_e+\Delta E_e+G_e-C_e-\Delta C_e\right)+\left(1-x\right)\left(E_e+\Delta E_e-C_e-\Delta C_e\right) \tag{5-19}$$

乳制品生产企业选择“生产低质量产品”策略时的期望收益为

$$E_{e2}=x\left(-\Delta E_e'-C_e+\Delta C_e'-F_e\right)+\left(1-x\right)\left(E_e-C_e+\Delta C_e'\right) \tag{5-20}$$

乳制品生产企业的平均收益为

$$\begin{aligned}\bar{E}_e &= yE_{e1} + (1-y)E_{e2} \\ &= y\left[x(E_e + \Delta E_e - C_e - \Delta C_e) + (1-x)(E_e + \Delta E_e - C_e - \Delta C_e)\right] \\ &\quad + (1-y)\left[x(-\Delta E'_e - C_e + \Delta C'_e - F_e) + (1-x)(E_e - C_e + \Delta C'_e)\right]\end{aligned} \tag{5-21}$$

由此得到乳制品生产企业选择生产高质量乳制品监管乳制品的动态复制方程为

$$\begin{aligned}U_e &= \frac{\mathrm{d}y}{\mathrm{d}t} = y(E_{e1} - \bar{E}_e) = y(1-y)(E_{e1} - E_{e2}) \\ &= y(1-y)\{\left[x(E_e + \Delta E_e - C_e - \Delta C_e) + (1-x)(E_e + \Delta E_e - C_e - \Delta C_e)\right] \\ &\quad - \left[x(-\Delta E'_e - C_e + \Delta C'_e - F_e) + (1-x)(E_e - C_e + \Delta C'_e)\right]\}\end{aligned} \tag{5-22}$$

$$U_e = \frac{\mathrm{d}y}{\mathrm{d}t} = y(1-y)\left[x(E_e + \Delta E'_e + F_e) + (\Delta E_e - \Delta C_e - \Delta C'_e)\right] \tag{5-23}$$

通过对式（5-17）和式（5-23）求偏导得

$$\frac{\mathrm{d}U_g}{\mathrm{d}x} = (1-2x)\left[(1-y)(F_e + H_g + L_g) - C_g\right] \tag{5-24}$$

$$\frac{\mathrm{d}U_e}{\mathrm{d}y} = (1-2y)\left[x(E_e + \Delta E'_e + F_e) + (\Delta E_e - \Delta C_e - \Delta C'_e)\right] \tag{5-25}$$

由式（5-24）和式（5-25）可得

$$x^* = \frac{-\Delta E_e + \Delta C_e + \Delta C'_e}{E_e + \Delta E'_e + F_e} \tag{5-26}$$

$$y^* = 1 - \frac{C_g}{F_e + H_g + L_g} \tag{5-27}$$

政府监管部门以式（5-26）的概率选择“严格监管”策略，而乳制品生产企业以式（5-27）的概率选择“生产高质量乳制品”策略，那么该博弈模型的混合策略纳什均衡为

$$\left\{\left(\frac{-\Delta E_e + \Delta C_e + \Delta C'_e}{E_e + \Delta E'_e + F_e},\ 1 - \frac{-\Delta E_e + \Delta C_e + \Delta C'_e}{E_e + \Delta E'_e + F_e}\right),\left(1 - \frac{C_g}{F_e + H_g + L_g},\ \frac{C_g}{F_e + H_g + L_g}\right)\right\} \tag{5-28}$$

推展至整个乳制品市场中可知，当有多家乳制品生产企业时，式（5-28）所示的纳什均衡表示，若政府监管部门以 $\frac{-\Delta E_e + \Delta C_e + \Delta C'_e}{E_e + \Delta E'_e + F_e}$ 的比例选择对乳制品市场中的产品进行严格检测，则乳制品市场上将有 $\left(1 - \frac{C_g}{F_e + H_g + L_g}\right)$ 比例的企业会选择生产高质量的乳制品。

推论 5-3　当乳制品生产企业在选择生产高质量乳制品时需要付出的额外成本越高，选择生产低质量乳制品时偷工减料节省的成本越高时，企业就越容易选择生产低质量产品。与此同时，政府在这种情况下也会加大监管力度，增加检测比例。

证明　x^*对$\left(\Delta C_e+\Delta C_e'\right)$求偏导，可得

$$\frac{\partial x^*}{\partial\left(\Delta C_e+\Delta C_e'\right)}=\frac{1}{E_e+\Delta E_e'+F_e}$$

易知$\frac{1}{E_e+\Delta E_e'+F_e}>0$，即$\left(x^*\left(\Delta C_e+\Delta C_e'\right)\right)$是增函数。$\left(\Delta C_e+\Delta C_e'\right)$的值越大，$x^*$越大；$\left(\Delta C_e+\Delta C_e'\right)$的值越小，$x^*$越小，由此可知推论5-3的正确性。

推论 5-4　当高质量产品给企业带来的品牌形象和消费者信任等正向收益较高时，乳制品生产企业就会偏向于多生产高质量产品；与此同时，政府会在市场调节的情况下减小监管力度。

证明　x^*对ΔE_e求偏导，可得

$$\frac{\partial x^*}{\partial \Delta E_e}=-\frac{1}{E_e+\Delta E_e'+F_e}$$

很明显$-\frac{1}{E_e+\Delta E_e'+F_e}<0$，即$x^*\left(\Delta E_e\right)$是减函数。$x^*$随着$\Delta E_e$的增加而减小，反之亦然。得证。

推论 5-5　政府选择严格监管策略时投入的监管成本越高，政府越倾向宽松监管；与此同时，企业也会意识到该问题从而尽量选择生产低质量产品策略来降低成本获得高额利润。

证明　y^*对C_g求偏导，可得

$$\frac{\partial y^*}{\partial C_g}=-\frac{1}{F_e+H_g+L_g}$$

显然$-\frac{1}{F_e+H_g+L_g}<0$，即$y^*\left(C_g\right)$为减函数，随着政府监管成本C_g的增加，乳制品生产企业选择生产高质量乳制品策略的概率y^*减少。得证。

推论 5-6　政府严格监管时的处罚力度越大，企业选择生产高质量乳制品策略的概率就越大。

证明　y^*对F_e求偏导，可得

$$\frac{\partial y^*}{\partial F_e}=\frac{C_g}{\left(F_e+H_g+L_g\right)^2}$$

显然 $\frac{C_g}{\left(F_e+H_g+L_g\right)^2}>0$，即 $y^*\left(F_e\right)$ 为增函数，随着政府处罚力度 F_e 的增加，乳制品生产企业选择生产高质量乳制品的概率就增加。得证。

推论 5-7 当政府监管不严格时，乳制品市场出现安全问题，则消费者和社会对政府有较差的评价；迫于社会压力，政府会选择严加监管，从而迫使更多的乳制品生产企业去生产高质量乳制品。

证明 y^* 对 L_g 求偏导，可得

$$\frac{\partial y^*}{\partial L_g}=\frac{C_g}{\left(F_e+H_g+L_g\right)^2}$$

显然 $\frac{C_g}{\left(F_e+H_g+L_g\right)^2}>0$，即 $y^*\left(L_g\right)$ 为增函数，随着 L_g 的增加，乳制品生产企业选择生产高质量乳制品的概率就增加。得证。

5.2.4 考虑消费者行为的消费者–企业–政府三方演化博弈模型

1. 消费者–企业–政府三方演化博弈模型假设

图 5-9 为消费者购买行为中的信息传递图。

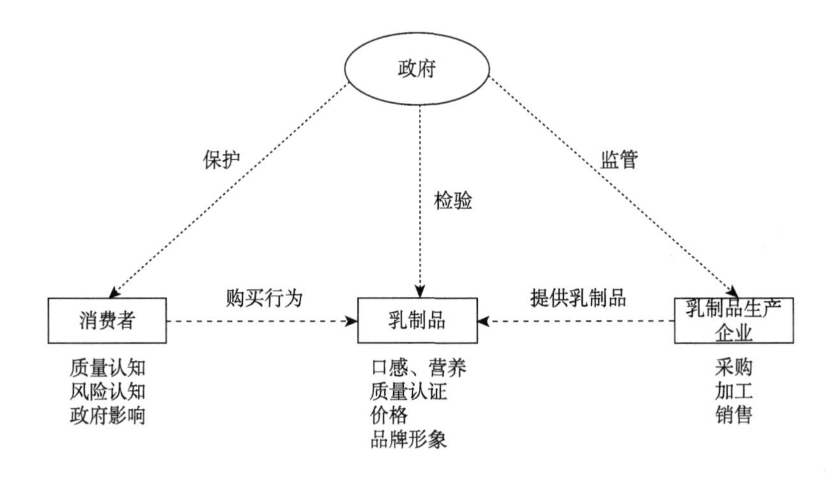

图 5-9 消费者购买行为中的信息传递图

对于消费者而言，消费者会根据自身情况来决定购买行为。在条件允许的情况下不会单纯地只靠价格来决定是否购买商品，会对质量有一定的要求。

对于企业而言，消费者对产品质量的判断存在信息差异，并且消费者会通过一些产品本身以外的因素去进行判断。因此，企业可以根据消费者选择行为的影响因素对质量进行不同方面的投入。

对于政府而言，消费者的质量意识、风险意识过低可能会导致乳制品行业的乱象，政府监管需要起到引导作用。对社会来说，消费者的高风险意识有利于行业发展，企业加强创新可以提高总体质量水平同时降低成本，从而达到资源配置最优化。

前文中的模型虽然考虑到消费者的行为意向，但是未考虑消费者的利益。本章将引入消费者群体的收益，选择政府监管部门、乳制品生产企业和消费者三个行为主体，研究多个行为主体之间的博弈以选择实现自身利益最大化的策略，为了便于研究做出如下基本假设（朱立龙和孙淑慧，2019）。

（1）该博弈模型仅有三个参与者，参与者 1 是乳制品生产企业；参与者 2 是政府监管部门；参与者 3 是消费者。参与者无法提前知道对方的策略选择，但可以在对方选择某一策略之后通过学习或者模仿改变自己的策略选择来实现自身收益最大化。

（2）参与者 1 的策略选择空间为 $S_e=$（生产高质量乳制品，生产低质量乳制品）；参与者 2 的策略选择空间为 $S_g=$（严格监管，宽松监管）；参与者 3 的策略选择空间为 $S_p=$（购买高质量乳制品，购买低质量乳制品）。

（3）乳制品生产企业选择生产高质量乳制品策略的概率为 $x(0\leqslant x\leqslant 1)$，选择生产低质量乳制品策略的概率为 $(1-x)$；政府监管部门选择严格监管策略的概率为 $y(0\leqslant y\leqslant 1)$，选择宽松监管的概率为 $(1-y)$；消费者选择购买高质量乳制品策略的概率为 $z(0\leqslant z\leqslant 1)$，选择购买低质量乳制品策略的概率为 $(1-z)$。

（4）乳制品生产企业生产一般产品的成本记为 C_0，相对于普通产品，企业如果生产高质量产品则需要增强技术的投入、更新设备等，因此其生产高质量乳制品需增加额外成本 C_q。

（5）政府若选择“严格监管”则需要加强监管的资金投入，政府增加的监管成本记为 C_g。

（6）当政府选择“严格监管”策略时，或者政府选择“宽松监管”但乳制品生产企业选择生产高质量乳制品策略时，消费者会默认政府尽到了应尽的责任，这将给政府带来正面效益，记为 H_g；当政府监管部门选择“宽松监管”且乳制品生产企业选择“生产低质量产品”策略时，则会导致乳制品质量安全事故发生，从而给政府带来负面效应，记为L_g。

（7）乳制品生产企业的销售收益为$S_e\left(S_e > C_0 + C_q\right)$。假设市场规模为 a，高质量乳制品的售价为P_1，低质量乳制品的售价为P_2，高质量乳制品的销量为$N_1 = af\left(M\right)$，低质量乳制品的销量为$N_2 = a\left(1 - f\left(M\right)\right)$。

（8）针对消费者购买乳制品获得的效用，本节根据前文构建的消费者效用函数结合博弈策略的选择对可能出现的四种情况做出如下分析。

消费者愿意购买高质量乳制品且企业可提供高质量乳制品，在该情况下消费者效用为$U_{c1} = \left[1 + E\left(\theta\right)\right]\left(C_q + C_0\right) + N_1P^* - 2N_1P_1$。

消费者愿意购买高质量乳制品但企业只提供低质量乳制品，在该情况下消费者效用为$U_{c2} = \left[1 + E\left(\theta\right)\right]C_0 + N_1P^* - 2N_1P_2$。

消费者只愿意购买低质量乳制品但企业只提供高质量乳制品，在该情况下消费者效用为$U_{c3} = \left(C_q + C_0\right) + N_2P^* - 2N_2P_1$。

消费者只愿意购买低质量乳制品，恰好企业只提供低质量乳制品，在该情况下消费者效用为$U_{c4} = C_0 + N_2P^* - 2N_2P_2$。

（9）当乳制品生产企业选择生产低质量乳制品策略时，如果政府监管部门选择“严格监管”策略，则一定可以发现乳制品的质量安全问题，从而政府会对生产企业进行额度为F_e的处罚；若是在政府的严格监管下发现乳制品生产企业生产的是高质量产品，政府则会给予企业一部分奖励，记为G_e。

（10）若政府选择“严格监管”且企业选择“生产低质量乳制品”，则该产品不被允许上市销售。

2. 消费者–企业–政府三方混合策略模型构建

基于以上模型假设，本节构建政府监管部门、乳制品生产企业和消费者三个行为主体之间的混合策略博弈矩阵，如表 5-6 所示。

表 5-6 消费者–企业–政府三方混合策略博弈矩阵

策略选择		政府	消费者购买行为	
			购买高质量乳制品 z	购买低质量乳制品 $(1-z)$
乳制品生产企业	生产高质量乳制品 x	严格监管 y	$\begin{pmatrix} N_1P_1 + G_e - \left(C_q + C_0\right), \\ N_1P_1 - \left(C_q + C_0\right) + U_{c1} - C_g + R, U_{c1} \end{pmatrix}$	$\begin{pmatrix} G_e - \left(C_q + C_0\right), \\ U_{c3} - \left(C_q + C_0\right) - C_g, U_{c3} \end{pmatrix}$
		宽松监管 $(1-y)$	$\begin{pmatrix} N_1P_1 - \left(C_q + C_0\right), \\ N_1P_1 - \left(C_q + C_0\right) + U_{c1} + R, U_{c1} \end{pmatrix}$	$\begin{pmatrix} -\left(C_q + C_0\right), \\ U_{c3} - \left(C_q + C_0\right), U_{c3} \end{pmatrix}$

续表

策略选择		政府	消费者购买行为	
			购买高质量乳制品 z	购买低质量乳制品 $(1-z)$
乳制品生产企业	生产低质量乳制品 $(1-x)$	严格监管 y	$\left(F_e-C_0,-F_e-C_0+U_{c2}-C_g,U_{c2}\right)$	$\left(\begin{array}{l}-F_e-C_0,-C_0+\\U_{c4}-C_g,U_{c4}\end{array}\right)$
		宽松监管 $(1-y)$	$\left(-C_0,U_{c_2}-F_e-P_2,U_{c2}\right)$	$\left(\begin{array}{l}N_2P_2-C_0,\\N_2P_2-C_0+\\U_{c4},U_{c4}\end{array}\right)$

3. 消费者–企业–政府三方混合策略模型分析

经过不断地观察和博弈，整个群体中互相博弈的个体最终将实现持续稳定的平衡状态，也就是演化稳定策略均衡。选取某一种策略能够得到的支付同平均支付之间的差值与选取该种策略数目的增长率相等就被称为复制动态，复制动态微分形式表示如下：

$$\frac{\mathrm{d}x_i}{\mathrm{d}t}=\left[u\left(e_i,x\right)-u\left(x,x\right)\right]x_i \tag{5-29}$$

其中，$u\left(e_i,x\right)$为个体在随机匹配的时候，选取纯策略e_i的个体能够得到的期望；$u\left(x,x\right)$为群体期望的平均值；$\frac{\mathrm{d}x_i}{\mathrm{d}t}$为$x_i$对时间$t$的导数。

4. 乳制品生产企业的策略稳定性分析

乳制品生产企业选择“生产高质量乳制品”策略时的期望收益为

$$\begin{aligned}E_{e1}=&yz\left[N_1P_1+G_e-\left(C_q+C_0\right)\right]+y\left(1-z\right)\left[G_e-\left(C_q+C_0\right)\right]\\&+\left(1-y\right)z\left[N_1P_1-\left(C_q+C_0\right)\right]+\left(1-y\right)\left(1-z\right)\left[-\left(C_q+C_0\right)\right]\end{aligned} \tag{5-30}$$

乳制品生产企业选择“生产低质量乳制品”策略时的期望收益为

$$\begin{aligned}E_{e2}=&yz\left(F_e-C_0\right)+y\left(1-z\right)\left(-F_e-C_0\right)\\&+\left(1-y\right)z\left(-C_0\right)+\left(1-y\right)\left(1-z\right)\left(N_2P_2-C_0\right)\end{aligned} \tag{5-31}$$

企业的平均期望为

$$\overline{E}_e=xE_{e1}+\left(1-x\right)E_{e2} \tag{5-32}$$

根据演化博弈论的复制动态方程，企业的策略选择变化速率如下：

$$\begin{aligned}F\left(x\right)=\frac{\mathrm{d}x}{\mathrm{d}t}&=x\left(E_{e1}-\overline{E}_e\right)\\&=x\left(1-x\right)\left(E_{e1}-E_{e2}\right)\\&=x\left(1-x\right)\left[-yzN_2P_2+y\left(G_e+F_e+N_2P_2\right)+z\left(N_1P_1+N_2P_2\right)-C_q-N_2P_2\right]\end{aligned} \tag{5-33}$$

根据微分方程稳定性定理，乳制品生产企业选择生产高质量乳制品的概率处于稳定状态必须满足如下条件：

$$F(x)=0 \text{ 且 } \frac{\mathrm{d}F(x)}{\mathrm{d}x}<0$$

为了便于讨论，对于乳制品生产企业，令

$$z_0=\frac{C_q-y(G_e+F_e+N_2P_2)}{(1-y)N_2P_2+N_1P_1} \tag{5-34}$$

（1）若 $z=z_0$，则 $F(x)=0$，意味着所有的水平都是稳定状态，无论企业选择生产高质量产品还是生产低质量产品的初始比例如何，该比例都不会随着时间的改变而发生变化。

（2）若 $z\neq z_0$，令 $F(x)=0$，可得两个稳定点为 $x=0$，$x=1$。

对 $F(x)$ 求导得

$$\frac{\mathrm{d}F(x)}{\mathrm{d}x}=(1-2x)\left[-yzN_2P_2+y(G_e+F_e+N_2P_2)+z(N_1P_1+N_2P_2)-C_q-N_2P_2\right] \tag{5-35}$$

稳定演化策略要求 $\frac{\mathrm{d}F(x)}{\mathrm{d}x}<0$，此时有以下两种情况。

（1）若 $z<z_0$，$\left.\frac{\mathrm{d}F(x)}{\mathrm{d}x}\right|_{x=0}<0$，$\left.\frac{\mathrm{d}F(x)}{\mathrm{d}x}\right|_{x=1}>0$，由此可知，这种情况下，$x=0$ 为演化稳定策略。

（2）若 $z>z_0$，$\left.\frac{\mathrm{d}F(x)}{\mathrm{d}x}\right|_{x=0}>0$，$\left.\frac{\mathrm{d}F(x)}{\mathrm{d}x}\right|_{x=1}<0$，由此可知，这种情况下，$x=1$ 为演化稳定策略。

乳制品生产企业选择“生产高质量乳制品”策略概率的复制子动态及演化稳定策略如图 5-10 所示。

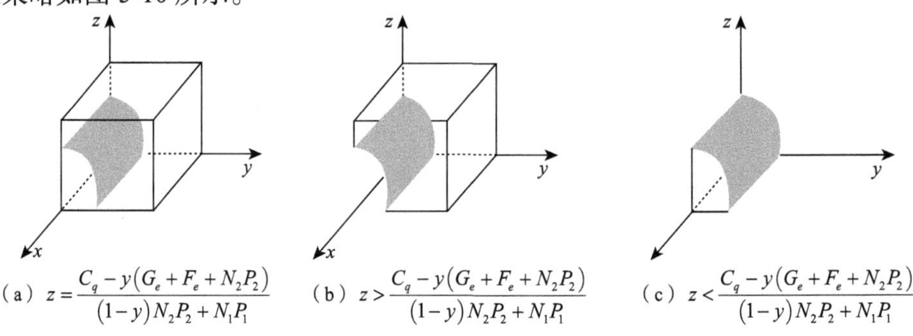

（a）$z=\frac{C_q-y(G_e+F_e+N_2P_2)}{(1-y)N_2P_2+N_1P_1}$ （b）$z>\frac{C_q-y(G_e+F_e+N_2P_2)}{(1-y)N_2P_2+N_1P_1}$ （c）$z<\frac{C_q-y(G_e+F_e+N_2P_2)}{(1-y)N_2P_2+N_1P_1}$

图 5-10 消费者选择策略概率变化对乳制品生产企业稳定演化策略的影响

乳制品生产企业稳定“生产高质量产品”的概率为区域Ⅰ的体积，记为 V_{e1}，稳定“生产低质量产品”的概率为区域Ⅱ的体积[①]，记为 V_{e2}，计算得

$$\begin{aligned}V_{e1} &= 1-\iint_D \frac{C_q - y\left(G_e+F_e+N_2P_2\right)}{(1-y)N_2P_2+N_1P_1}\mathrm{d}\sigma \\ &= 1-\frac{C_q}{N_2P_2}-\left[\frac{C_q}{N_2P_2}+\frac{N_1P_1+N_2P_2}{N_2^2P_2^2\left(G_e+F_e+N_2P_2\right)}\right] \\ &\quad \times \ln\left[1-\frac{N_2P_2C_q}{\left(N_1P_1+N_2P_2\right)\left(G_e+F_e+N_2P_2\right)}\right]\end{aligned} \tag{5-36}$$

$$\begin{aligned}V_{e2} &= \frac{C_q}{N_2P_2}+\left[\frac{C_q}{N_2P_2}+\frac{N_1P_1+N_2P_2}{N_2^2P_2^2\left(G_e+F_e+N_2P_2\right)}\right] \\ &\quad \times \ln\left[1-\frac{N_2P_2C_q}{\left(N_1P_1+N_2P_2\right)\left(G_e+F_e+N_2P_2\right)}\right]\end{aligned} \tag{5-37}$$

推论 5-8　乳制品生产企业选择“生产高质量乳制品”策略的概率，会随着消费者选择“购买高质量乳制品”概率以及政府选择“严格监管”的概率的增加而提高。

证明　由乳制品生产企业选择“生产高质量乳制品”策略概率的复制动态方程 $F(x)=\frac{\mathrm{d}x}{\mathrm{d}t}=x\left(E_{e1}-\bar{E}_e\right)$ 的偏导数为

$$\frac{\mathrm{d}F(x)}{\mathrm{d}x}=(1-2x)\left[-yzN_2P_2+y\left(G_e+F_e+N_2P_2\right)+z\left(N_1P_1+N_2P_2\right)-C_q-N_2P_2\right]$$

可得乳制品生产企业生产高质量乳制品的概率 x 关于政府严格监管的概率 y 的反应函数为

$$x=\begin{cases}0, & y<\dfrac{C_q+N_2P_2-z\left(N_1P_1+N_2P_2\right)}{(1-z)N_2P_2+G_e+F_e} \\ (0,1), & y=\dfrac{C_q+N_2P_2-z\left(N_1P_1+N_2P_2\right)}{(1-z)N_2P_2+G_e+F_e} \\ 1, & y>\dfrac{C_q+N_2P_2-z\left(N_1P_1+N_2P_2\right)}{(1-z)N_2P_2+G_e+F_e}\end{cases} \tag{5-38}$$

当 $y<\dfrac{C_q+N_2P_2-z\left(N_1P_1+N_2P_2\right)}{(1-z)N_2P_2+G_e+F_e}$ 时，x=0 是演化稳定策略。

这表示当政府选择“严格监管”的概率低于一定水平，也即政府抽检的企业

① 区域Ⅰ指图 5-10 中三个子图灰色平面左边的体积，区域Ⅱ指的是右边的体积。

比例过低时，乳制品生产企业偏向于生产低质量的产品，从而牟取更多的利益。相反，如果政府进行“严格监管”的概率比较大，乳制品生产企业选择“生产低质量产品”被查出的风险较高，违规的罚款较多，企业选择生产低质量产品并不会获得高的收益，其会选择生产高质量产品。

推论 5-9 当乳制品市场中的消费者选择“购买低质量乳制品”的比例较高时，企业迫于利润的压力也会转而去生产劣质产品，造成市场乱象。相应地，如果消费者选择“购买高质量乳制品”的比例较高时，企业则会转而生产高质量乳制品。

证明 同理可得乳制品生产企业生产高质量乳制品的概率 x 关于消费者购买高质量乳制品的概率 z 的反应函数为

$$x=\begin{cases}0, & z<\dfrac{C_q-y\left(G_e+F_e+N_2P_2\right)}{\left(1-y\right)N_2P_2+N_1P_1}\\(0,1), & z=\dfrac{C_q-y\left(G_e+F_e+N_2P_2\right)}{\left(1-y\right)N_2P_2+N_1P_1}\\1, & z>\dfrac{C_q-y\left(G_e+F_e+N_2P_2\right)}{\left(1-y\right)N_2P_2+N_1P_1}\end{cases} \tag{5-39}$$

当 $z<\dfrac{C_q-y\left(G_e+F_e+N_2P_2\right)}{\left(1-y\right)N_2P_2+N_1P_1}$ 时，$x=0$ 是该模型的演化稳定策略。

这表示当消费者选择“购买高质量产品”的概率低于一定水平时，乳制品生产企业就会依据市场生产低质量的产品，牟取更多的利益，从而造成“劣币驱逐良币”的现象。相反，如果消费者都愿意购买高质量乳制品，那么企业也乐意生产高质量乳制品，从而实现市场稳定向上发展。

推论 5-10 乳制品生产企业选择“生产高质量乳制品”策略的概率会随着政府罚款数额的增加以及政府对优质企业奖励金额的增加而增加。

证明 对乳制品生产企业生产高质量乳制品的概率 x（即 V_{e1}）分别关于 G_e 和 F_e 求偏导数，可以得到 $\dfrac{\partial\left(V_{e1}\right)}{\partial G_e}>0$，$\dfrac{\partial\left(V_{e1}\right)}{\partial F_e}>0$。$V_{e1}\left(G_e\right)$ 和 $V_{e1}\left(F_e\right)$ 为增函数，V_{e1} 随着 G_e 和 F_e 的增大而增大，反之亦反。

因此，如果政府加大罚款力度和奖励力度，可以激励乳制品生产企业生产高质量乳制品，从而达到整个市场的优化。

推论 5-11 乳制品消费市场中，选择购买高质量乳制品的消费者越多，则企业越乐意生产高质量乳制品。

证明 对乳制品生产企业生产高质量乳制品的概率 x（即 V_{e1}）关于 N_2 求偏

导，可以得到$\frac{\partial(V_{e1})}{\partial N_2}>0$。$V_{e1}(N_2)$为增函数，会随着市场中消费者的增多而增加。

5. 政府的策略稳定性分析

1）政府的复制动态方程

政府选择“严格监管”策略时的期望收益为

$$\begin{aligned}E_{g1}=&xz\left[N_1P_1-\left(C_q+C_0\right)+R+U_{c1}-C_g\right]+x(1-z)\left[U_{c3}-\left(C_q+C_0\right)-C_g\right]\\&+(1-x)z\left(-F_e-C_0+U_{c2}-C_g\right)+(1-x)(1-z)\left(-C_0+U_{c4}-C_g\right)\end{aligned}\tag{5-40}$$

政府选择“宽松监管”策略时的期望收益为

$$\begin{aligned}E_{g2}=&xz\left[N_1P_1-\left(C_q+C_0\right)+U_{c1}+R\right]+x(1-z)\left[U_{c3}-\left(C_q+C_0\right)\right]\\&+(1-x)z\left(U_{c2}-F_e-P_2\right)+(1-x)(1-z)\left(N_2P_2-C_0+U_{c4}\right)\end{aligned}\tag{5-41}$$

政府的平均期望为

$$\bar{E}_g=yE_{g1}+(1-y)E_{g2}\tag{5-42}$$

根据演化博弈论的复制动态方程，政府的策略选择变化速率如下：

$$\begin{aligned}F(y)=&\frac{\mathrm{d}y}{\mathrm{d}t}=y\left(E_{g1}-\bar{E}_g\right)=y(1-y)\left(E_{g1}-E_{g2}\right)\\&=y(1-y)\left(C_g+C_0z-C_gz-P_2z+N_2P_2-N_2P_2x-N_2P_2z-C_0xz+C_gxz+P_2xz+N_2P_2xz\right)\end{aligned}\tag{5-43}$$

2）政府的演化稳定策略

复制动态方程反映了政府的策略调整的速度和方向，当式（5-43）等于 0 时，表示演化博弈系统达到一个相对稳定的状态。为了便于讨论，令

$$x_0=\frac{(1-z)N_2P_2+C_g}{(1-z)N_2P_2-P_2z+C_g}\tag{5-44}$$

（1）若$x=x_0$，则$F(y)\equiv 0$，意味着所有的水平都是稳定状态，无论政府选择严格监管还是不严格监管的初始比例如何，该比例都不会随着时间的改变而发生变化。

（2）若$x\neq x_0$，令$F(y)$=0，可得两个稳定点为$y=0$，$y=1$。

对$F(y)$求导得

$$\frac{\mathrm{d}F(y)}{\mathrm{d}y}=(2y-1)\left(C_g+C_0z-C_gz-P_2z+N_2P_2-N_2P_2x-N_2P_2z-C_0xz+C_gxz+P_2xz+N_2P_2xz\right)\tag{5-45}$$

稳定演化策略要求$\frac{\mathrm{d}F(y)}{\mathrm{d}y}<0$，此时有以下两种情况。

（1）若 $x<x_0$，$\left.\frac{\mathrm{d}F(y)}{\mathrm{d}y}\right|_{y=0}<0$，$\left.\frac{\mathrm{d}F(y)}{\mathrm{d}y}\right|_{y=1}>0$，由此可知，这种情况下，$y=0$ 为演化稳定策略。

（2）若 $x>x_0$，$\left.\frac{\mathrm{d}F(y)}{\mathrm{d}y}\right|_{y=0}>0$，$\left.\frac{\mathrm{d}F(y)}{\mathrm{d}y}\right|_{y=1}<0$，由此可知，这种情况下，$y=1$ 为演化稳定策略。

政府选择“严格监管”策略概率的复制子动态及演化稳定策略如图 5-11 所示。

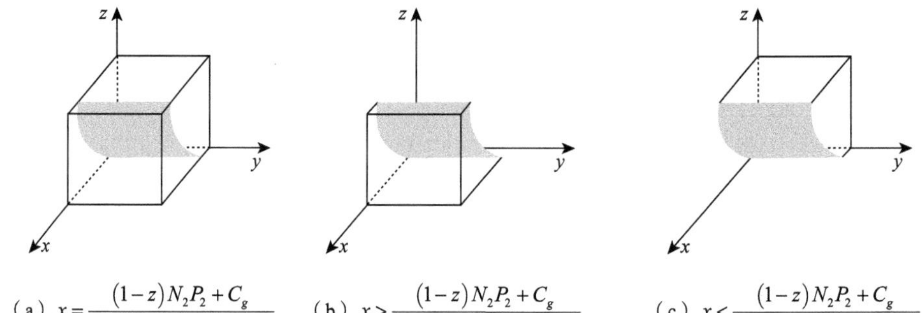

（a）$x=\frac{(1-z)N_2P_2+C_g}{(1-z)N_2P_2-P_2z+C_g}$　（b）$x>\frac{(1-z)N_2P_2+C_g}{(1-z)N_2P_2-P_2z+C_g}$　（c）$x<\frac{(1-z)N_2P_2+C_g}{(1-z)N_2P_2-P_2z+C_g}$

图 5-11　企业生产策略选择概率变化对政府稳定演化策略的影响

推论 5-12　政府选择“严格监管”策略的概率会随着乳制品生产企业选择“生产高质量乳制品”策略的概率的增加而降低，也即在乳制品生产企业都选择优质生产时，政府可以适当放松对行业的监管。

证明　由政府的复制动态方程 $F(y)=\frac{\mathrm{d}y}{\mathrm{d}t}=y\left(E_{g1}-\bar{E}_g\right)$ 的偏导数式（5-45）可得政府严格监管的概率 y 关于乳制品生产企业生产高质量产品的概率 x 的反应函数为

$$y=\begin{cases}0, & x<\dfrac{(1-z)N_2P_2+C_g}{(1-z)N_2P_2-P_2z+C_g}\\(0,1), & x=\dfrac{(1-z)N_2P_2+C_g}{(1-z)N_2P_2-P_2z+C_g}\\1, & x>\dfrac{(1-z)N_2P_2+C_g}{(1-z)N_2P_2-P_2z+C_g}\end{cases}\tag{5-46}$$

由式（5-46）可知，当 $x<\frac{(1-z)N_2P_2+C_g}{(1-z)N_2P_2-P_2z+C_g}$ 时，$y=0$ 为演化稳定策略，

表示当乳制品生产企业选择“生产高质量乳制品”策略的概率高于某一数值之后，由于整个乳制品市场从源头保证了质量，那么政府就会相应降低“严格监管”的比例，从而达到节约成本的目的；反之，如果市面上大多数企业选择“生产低质量乳制品”策略，那么将会造成整个乳制品行业的安全乱象，相应地，政府就会选择加大“严格监管”的力度，直到行业质量安全情况出现好转。

6. 消费者的策略稳定性分析

1）消费者复制动态方程

消费者选择“购买高质量乳制品”策略时的期望收益为

$$E_{c1}=xy\left(U_{c1}\right)+x\left(1-y\right)\left(U_{c1}\right)+\left(1-x\right)y\left(U_{c2}\right)+\left(1-x\right)\left(1-y\right)\left(U_{c2}\right) \quad (5\text{-}47)$$

消费者选择“购买低质量乳制品”策略时的期望收益为

$$E_{c2}=xy\left(U_{c3}\right)+x\left(1-y\right)\left(U_{c3}\right)+\left(1-x\right)y\left(U_{c4}\right)+\left(1-x\right)\left(1-y\right)\left(U_{c4}\right) \quad (5\text{-}48)$$

消费者的平均期望为

$$\bar{E}_c=zE_{c1}+\left(1-z\right)E_{c2} \quad (5\text{-}49)$$

根据演化博弈论的复制动态方程，消费者的策略选择变化速率如下：

$$\begin{aligned}F\left(z\right)&=\frac{\mathrm{d}z}{\mathrm{d}t}=z\left(E_{c1}-\bar{E}_c\right)=z\left(1-z\right)\left(E_{c1}-E_{c2}\right)\\&=z\left(1-z\right)\left\{\begin{aligned}&x\left[\left(2+E\left(\theta\right)\right)C_q+2E\left(\theta\right)C_0+2\left(N_1+N_2\right)\left(P_2-P_1\right)\right]\\&+\left(2-E\left(\theta\right)\right)C_0+\left(N_1+N_2\right)\left(P^*-2P_2\right)\end{aligned}\right\}\end{aligned} \quad (5\text{-}50)$$

2）消费者演化稳定策略

复制动态方程反映了政府的策略调整的速度和方向，当式（5-50）等于 0 时，表示演化博弈系统达到一个相对稳定的状态。为了方便后文讨论，令

$$\Delta_0=\frac{-\left(2-E\left(\theta\right)\right)C_0-\left(N_1+N_2\right)\left(P^*-2P_2\right)}{\left(2-E\left(\theta\right)\right)C_q+2E\left(\theta\right)C_0+2\left(N_1+N_2\right)\left(P_2-P_1\right)} \quad (5\text{-}51)$$

（1）若 $x=\Delta_0$，则 $F\left(z\right)=0$，意味着所有的水平都是稳定状态，无论企业选择生产高质量产品还是生产低质量产品的初始比例如何，该比例都不会随着时间的改变而发生变化。

（2）若 $x\neq\Delta_0$，令 $F\left(z\right)=0$，可得两个稳定点为 $z=0$，$z=1$。

对 $F\left(z\right)$ 求导得

$$\frac{\mathrm{d}F(z)}{\mathrm{d}z}=(1-2z)\Big\{x\Big[\big(2+E(\theta)\big)C_q+2E(\theta)C_0+2(N_1+N_2)(P_2-P_1)\Big]+\big(2-E(\theta)\big)C_0+(N_1+N_2)\big(P^*-2P_2\big)\Big\} \tag{5-52}$$

稳定演化策略要求 $\frac{\mathrm{d}F(z)}{\mathrm{d}z}<0$，此时有以下两种情况。

（1）若 $x<\Delta_0$，$\left.\frac{\mathrm{d}F(z)}{\mathrm{d}z}\right|_{z=0}<0$，$\left.\frac{\mathrm{d}F(z)}{\mathrm{d}z}\right|_{z=1}>0$，由此可知，这种情况下，$z=0$ 为演化稳定策略。

（2）若 $x>\Delta_0$，$\left.\frac{\mathrm{d}F(z)}{\mathrm{d}z}\right|_{z=0}>0$，$\left.\frac{\mathrm{d}F(z)}{\mathrm{d}z}\right|_{z=1}<0$，由此可知，这种情况下，$z=1$ 为演化稳定策略。

推论 5-13 消费者选择“购买高质量乳制品”策略的概率会随着乳制品生产企业选择“生产高质量乳制品”策略的概率的增加而增加，也即在乳制品生产企业都选择优质生产时，消费者自然会选择购买“高质量乳制品”。

证明 由消费者的复制动态方程 $F(z)=\frac{\mathrm{d}z}{\mathrm{d}t}=z(1-z)(E_{c1}-E_{c2})$ 的偏导数式（5-52）可得消费者选择“购买高质量乳制品”策略的概率 z 关于乳制品生产企业生产高质量产品的概率 x 的反应函数为

$$z=\begin{cases}0, & x<\dfrac{-\big(2-E(\theta)\big)C_0-(N_1+N_2)\big(P^*-2P_2\big)}{\big(2+E(\theta)\big)C_q+2E(\theta)C_0+2(N_1+N_2)(P_2-P_1)}\\[2ex](0,1), & x=\dfrac{-\big(2-E(\theta)\big)C_0-(N_1+N_2)\big(P^*-2P_2\big)}{\big(2+E(\theta)\big)C_q+2E(\theta)C_0+2(N_1+N_2)(P_2-P_1)}\\[2ex]1, & x>\dfrac{-\big(2-E(\theta)\big)C_0-(N_1+N_2)\big(P^*-2P_2\big)}{\big(2+E(\theta)\big)C_q+2E(\theta)C_0+2(N_1+N_2)(P_2-P_1)}\end{cases} \tag{5-53}$$

由式（5-53）可知，当 $x>\dfrac{-\big(2-E(\theta)\big)C_0-(N_1+N_2)\big(P^*-2P_2\big)}{\big(2+E(\theta)\big)C_q+2E(\theta)C_0+2(N_1+N_2)(P_2-P_1)}$ 时，$z=1$ 为演化稳定策略，表示当乳制品生产企业选择“生产高质量乳制品”策略的概率高于某一数值之后，消费者也会因此增强质量意识从而选择购买高质量乳制品，乳制品消费市场达到良性循环。

7. 演化最优稳定策略分析

1）理论推导

根据 Friedman（1991）提出的方法，由微分方程表示的群体动力系统均衡点的稳态，可通过分析该系统的雅可比矩阵的局部稳定性而得，雅可比矩阵如下所示：

$$T=\begin{bmatrix}\dfrac{\partial F(x)}{\partial x} & \dfrac{\partial F(x)}{\partial y} & \dfrac{\partial F(x)}{\partial z}\\ \dfrac{\partial F(y)}{\partial x} & \dfrac{\partial F(y)}{\partial y} & \dfrac{\partial F(y)}{\partial z}\\ \dfrac{\partial F(z)}{\partial x} & \dfrac{\partial F(z)}{\partial y} & \dfrac{\partial F(z)}{\partial z}\end{bmatrix}$$

$$=\begin{bmatrix}(1-2x)\begin{bmatrix}-yzN_2P_2+y(G_e+F_e+N_2P_2)\\ +z(N_1P_1+N_2P_2)-C_q-N_2P_2\end{bmatrix} & (x-x^2)\begin{bmatrix}-zN_2P_2\\ +G_e+F_e+N_2P_2\end{bmatrix} & (x-x^2)\begin{bmatrix}-yN_2P_2\\ +N_1P_1+N_2P_2\end{bmatrix}\\ y(y-1)(C_gz-C_0z+P_2z-N_2P_2+N_2P_2z) & (2y-1)\begin{pmatrix}C_g+C_0z-C_gz-P_2z+N_2P_2-N_2P_2x\\ -N_2P_2z-C_0xz+C_gzx+P_2xz+N_2P_2xz\end{pmatrix} & y(x-1)(y-1)(C_g-C_0+P_2+N_2P_2)\\ z(1-z)\begin{Bmatrix}(2+E(\theta))C_q+2E(\theta)C_0\\ +2(N_1+N_2)(P_2-P_1)\end{Bmatrix} & 0 & (1-2z)\begin{Bmatrix}x\begin{bmatrix}(2+E(\theta))C_q+2E(\theta)C_0\\ +2(N_1+N_2)(P_2-P_1)\end{bmatrix}\\ +(2-E(\theta))C_0\\ +(N_1+N_2)(P^*-2P_2)\end{Bmatrix}\end{bmatrix}$$

（5-54）

当企业、消费者和政府的策略选择的变化率为 0 时，可以得出三方博弈系统的均衡点，将三个复制动态方程联立：$F(x)=0$，$F(y)=0$，$F(z)=0$。求出可能存在的复制动态稳定点：（1，1，1）、（1，0，1）、（0，1，1）、（0，0，1）、（1，1，0）、（1，0，0）、（0，1，0）、（0，0，0）、(x^*,y^*,z^*)（该点为鞍点）。

本节研究的目的是让消费者可以通过自身的购买行为影响市场，从而使乳制品生产企业主动生产高质量乳制品，进而达到行业优化的目的。根据乳制品市场的实际情况及研究目的，三方博弈最理想的状态是消费者和企业在不需要政府监管的情况下，都会选择高质量的决策方式，即企业生产高质量产品，消费者购买高质量产品，从而达到良性循环，对应的条件为（1，0，1）。

首先，本节先对（1，0，1）条件下的三方演化博弈模型的演化条件和对应路径进行研究，先将（1，0，1）代入雅可比矩阵，可以得到：

$$T=\begin{bmatrix} -\left(N_1P_1-C_q\right) & 0 & 0 \\ 0 & -C_q & 0 \\ 0 & 0 & -\left[\left(2+E(\theta)\right)\left(C_q+C_0\right)+\left(N_1+N_2\right)\left(P^*-2P_1\right)\right] \end{bmatrix} \tag{5-55}$$

该雅可比矩阵的特征值分别为

$$I_1=-\left(N_1P_1-C_q\right)$$
$$I_2=-C_q$$
$$I_3=-\left[\left(2+E(\theta)\right)\left(C_q+C_0\right)+\left(N_1+N_2\right)\left(P^*-2P_1\right)\right]$$

根据 Lyapunov 稳定性理论（Kalman and Bertram，1960），若所有的特征值均具有非负实部，则系统稳定，否则系统不稳定。

本节希望该三方演化博弈可以稳定在点（1，0，1），即政府不严格监管，但是企业选择生产高质量乳制品且消费者愿意购买高质量乳制品（胡欢等，2021），需要满足的条件为 $I_1<0$，$I_2<0$，$I_3<0$，具体如下：

$$\begin{cases} -\left(N_1P_1-C_q\right)<0 \\ -C_q<0 \\ -\left[\left(2+E(\theta)\right)\left(C_q+C_0\right)+\left(N_1+N_2\right)\left(P^*-2P_1\right)\right]<0 \end{cases} \tag{5-56}$$

A. 特征值 I_1

化简得到：$C_q<N_1P_1$，其中，N_1 为整个乳制品市场中选择高质量乳制品的消费者数量，即高质量乳制品的需求函数；P_1 为高质量乳制品的市场售价；C_q 为企业生产高质量乳制品的额外成本投入。该条件说明企业在质量上的投入需要小于市场中高质量乳制品的销售额。

$$N_1=af\left(W\right)=a\left[\frac{1}{1+\mathrm{e}^{-\left(\beta^Q Q+\beta^R R+\beta^G G\right)}}\right] \tag{5-57}$$

$$W=\beta^Q Q+\beta^R R+\beta^G G \tag{5-58}$$

$$P_1>\frac{C_q}{a\left[\dfrac{1}{1+\mathrm{e}^{-\left(\beta^Q Q+\beta^R R+\beta^G G\right)}}\right]} \tag{5-59}$$

对于乳制品生产企业来说，针对本节实际调研的消费者群体，其高质量产品的定价需要满足式（5-57）~式（5-59）的条件才可以使特征值 I_1 非负。

B. 特征值 I_2

很明显，一旦出现质量安全问题就会给政府带来负面影响，只要该影响大于 0，该条件就可以成立。就实际而言，如果消费者对于乳制品安全事故有较高的反馈则可以迫使政府进行监管。

C. 特征值 I_3

N_1、N_2 为市场中选择高质量乳制品和低质量乳制品的消费者数量，假设市场规模为 a，则 $a = N_1 + N_2$，记 C_B 为企业生产高质量乳制品的总成本，则 $C_B = C_q + C_0$，可得

$$P_1 < \frac{\left[\left(2 + E(\theta)\right)\right] C_B + aP^*}{2C_B} \tag{5-60}$$

其中，$E(\theta)$ 为消费者群体质量感知的期望；P^* 为市场均价。

由式（5-60）可知，消费者质量感知的能力越高，企业对高质量产品定价就可以越高，从而可以更多地进行成本投入升级质量，达到良性循环。

2）实例分析

结合前文结构方程模型的实证分析，以调研对象为例，有 $\beta^Q = 0.581$、$\beta^R = 0.242$、$\beta^G = 0.177$。

若该群体的质量认知水平总体为 0.6，风险认知水平为 0.4，政府影响水平为 0.3，则该群体高质量乳制品的需求函数为

$$W = 0.581Q + 0.242R + 0.177G \tag{5-61}$$

$$N_1 = a \cdot \frac{1}{1 + \mathrm{e}^{-(0.581Q + 0.242R + 0.177G)}} = a \cdot \frac{1}{1 + \mathrm{e}^{-0.4985}} = 0.6221a \tag{5-62}$$

$$\frac{C_q}{0.6221a} < P_1 < \frac{2.36C_B + aP^*}{2C_B} \tag{5-63}$$

该数值的意义是，对于该消费者群体，乳制品生产企业对于生产的高质量乳制品的定价可以在 $\left[\dfrac{C_q}{0.6221a}, \dfrac{2.36C_B + aP^*}{2C_B}\right]$ 内，并且对于该群体而言，最终可以演化为乳制品生产企业生产高质量乳制品、消费者购买高质量乳制品、政府宽松监管的最优稳定策略。

上述数值分析只针对调研的消费者市场，对于不同群体的消费者会有不同的质量认知和风险水平，消费者对价格的接受程度也不一致，故上述数值分析只作为一个特例研究。

3）仿真验证

满足博弈稳定点（1，0，1）的情况的稳定条件为 $-\left(N_1P_1 - C_q\right) < 0$；

$-C_q < 0$；$-\left[\left(2+E(\theta)\right)\left(C_q+C_0\right)+\left(N_1+N_2\right)\left(P^*-2P_1\right)\right]<0$。根据稳定性的条件及前文实证分析的结果，本节对相关参数进行合理赋值。设置第一组数据：F_e=4，G_e=3，C_q=5，C_0=10，N_1=0.4a，N_2=0.6a，$a=30$，$P_1=2$，$P_2=1$，$P^*=1.5$，$C_g=15$，$E(\theta)=0.3$。

根据给定的数据结合复制动态方程，可以求得系统的演化博弈趋势拟图如图 5-12 和图 5-13 所示。

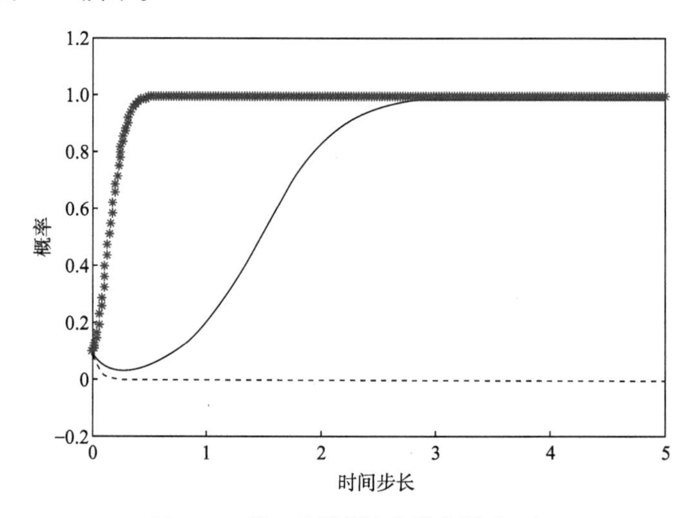

图 5-12　第一组数据演化博弈图（一）

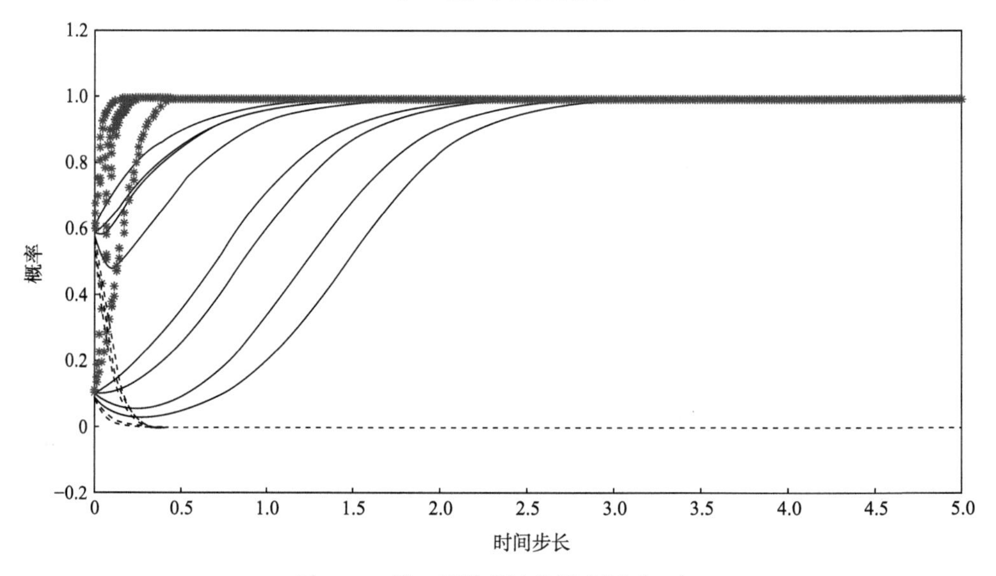

图 5-13　第一组数据演化博弈图（二）

设置第二组数据：$F_e=5$，$G_e=3$，$C_q=5$，$C_0=10$，$N_1=0.6a$，$N_2=0.4a$，$a=10$，$P_1=2.5$，$P_2=1$，$P^*=1.5$，$C_g=15$，$E(\theta)=0.5$。根据给定的数据结合复制动态方程，可以求得系统的演化博弈趋势拟图如图 5-14 所示。

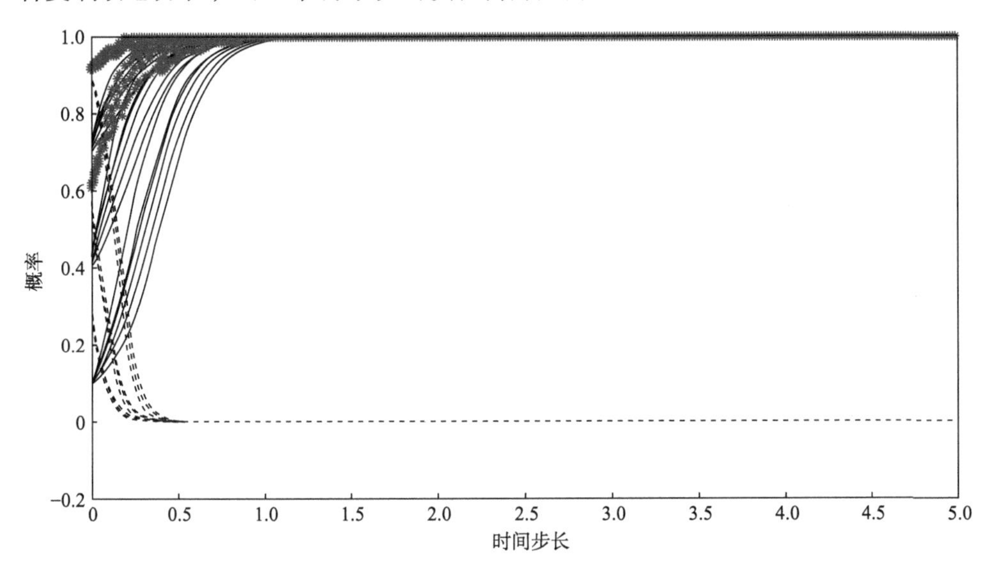

图 5-14　第二组数据演化博弈图

图 5-12~图 5-14 中，所有的星状线代表企业，实线代表消费者，虚线代表政府。图 5-12 表示在初始概率为 0.1 时，基于第一组数据的三方主体动态演化的趋势。图 5-13 表示在初始概率为 0.6 和 0.1 时，基于第一组数据的三方主体动态演化的趋势。图 5-14 表示在初始概率为 0.9、0.6、0.4、0.1 时，基于第二组数据的三方主体动态演化的趋势。图 5-12~图 5-14 中，相同的初始概率下，曲线越靠右，演化速度越快，但显然其演化趋势并不改变。

在给定同样的初始概率和不同的初始概率的情况下，可以看到结果都趋向于（1，0，1），即消费者选择购买高质量乳制品，企业选择生产高质量乳制品，在市场良性发展的情况下，政府可以进行宽松监管以节约成本。

参考文献

白金. 2012. 规模猪场猪瘟风险评估模型的建立[D]. 河南科技大学硕士学位论文.

白世贞，刘忠刚. 2013. 基于供应链视角的乳制品质量安全问题研究[J]. 物流工程与管理，（12）：105-108.

曹裕，李青松，胡韩莉. 2020. 基于消费者行为的食品溯源信息监管策略研究[J]. 运筹与管理，29（8）：137-147.

曹裕，俞传艳，万光羽. 2017a. 政府参与下食品企业监管博弈研究[J]. 系统工程理论与实践，37（1）：140-150.

曹裕，余振宇，万光羽. 2017b. 新媒体环境下政府与企业在食品掺假中的演化博弈研究[J]. 中国管理科学，25（6）：179-187.

岑詠霆，徐骏. 2011. 质量链风险的三角模糊数矩阵分层分析方法[J]. 数学的实践与认识，（6）：40-49.

陈佳维，李保忠. 2014. 中国食品安全标准体系的问题及对策[J]. 食品科学，35（9）：334-338.

陈思，吴昊，路西，等. 2015. 我国公众食品添加剂风险认知现状及影响因素[J]. 中国食品学报，15（3）：151-157.

陈涛，潘宇. 2015. 食品安全犯罪现状与治理[J]. 中国人民公安大学学报（社会科学版），31（4）：21-27.

陈新建，董涛，易干军. 2014. 城市消费者有机食品认知与购买决策！——基于北京、上海、广州、深圳 1017 名消费者调查[J]. 华中农业大学学报（社会科学版），（2）：80-87.

陈业宏，洪颖. 2015. 食品安全惩罚性赔偿制度的法经济学分析[J]. 中国社会科学院研究生院学报，（5）：81-85.

程铁军，冯兰萍. 2018. 大数据背景下我国食品安全风险预警因素研究[J]. 科技管理研究，38（17）：175-181.

程言清. 2004. 食品质量和食品安全辨析[J]. 中国食物与营养，（6）：10-13.

崔璟丽. 2011. 果蔬冷链质量风险与控制研究[D]. 西南交通大学硕士学位论文.

德鲁克 P. 1989. 管理实践：彼得·德鲁克管理学著作选[M]. 帅鹏译. 北京：工人出版社.
邓刚宏. 2015. 构建食品安全社会共治模式的法治逻辑与路径[J]. 南京社会科学，（2）：97-102.
杜微，莫蓉，李山. 2013. 基于产品关键特性的质量链管理模型研究[J]. 中国机械工程，（11）：100-104.
杜义日格其，乌云花. 2019. 消费者的信任、质量安全认知及乳制品购买行为的研究进展[J]. 中国乳品工业，47（3）：47-51.
段宁，邓华，武春友. 2006. 我国生态工业系统稳定性的结构型因素实证研究[J]. 环境科学研究，19（2）：57-61，81.
樊丹. 2010. 供应链环境下食品安全问题的博弈分析及激励机制研究[D]. 吉林大学硕士学位论文.
费腾. 2017. 我国乳制品行业市场结构与市场绩效关系的实证研究[J]. 现代商业，（11）：36-38.
费威. 2016. 我国品牌企业的食品安全控制及其政府监管[J]. 宏观经济研究，（4）：70-77.
冯允成. 1987. 随机网络及其应用[M]. 北京：北京航空学院出版社.
甘艳. 2012. 基于质量链的北京市肉制品冷链物流过程控制研究[D]. 北京交通大学硕士学位论文.
高振轩. 2020. 基于SCP框架的新疆乳业发展研究[J]. 现代商业，（24）：21-22.
葛运朋，张敏. 2018. 基于FMEA法的复杂系统风险因素识别研究[J]. 价值工程，37（11）：21-23.
郭本海，储佳娜，赵荧梅. 2019. 核心企业主导下乳制品全产业链质量管控GERT网络模型[J]. 中国管理科学，27（1）：120-130.
郭旦怀，崔文娟，郭云昌，等. 2015. 基于大数据的食源性疾病事件探测与风险评估[J]. 系统工程理论与实践，35（10）：2523-2530.
韩凤山. 1994. Q—GERT网络建模与应用[J]. 煤矿现代化，（2）：43-44.
韩杨，曹斌，陈建先，等. 2014. 中国消费者对食品质量安全信息需求差异分析——来自1 573个消费者的数据检验[J]. 中国软科学，（2）：32-45.
何晖，任端平，郭泽颖. 2018. 食品安全立法决策的理念[J]. 食品科学，39（23）：346-351.
何坪华，凌远云，周德翼. 2009. 食品价值链及其对食品企业质量安全信用行为的影响[J]. 农业经济问题，111（1）：48-52.
何玉成. 2009. 中国乳品企业“价格战”与市场绩效分析[J]. 中国物价，（8）：39-43.
胡欢，郭晓剑，梁雁茹. 2021. 基于前景理论的重大疫情网络谣言管控三方演化博弈分析[J]. 情报科学，39（7）：45-53.
黄国庆，王明绪，王国良. 2012. 效能评估中的改进熵值法赋权研究[J]. 计算机工程与应用，48（28）：245-248.

黄良文. 1988. 统计学原理问题研究[M]. 北京：中国统计出版社.
黄忠顺. 2015. 食品安全私人执法研究——以惩罚性赔偿型消费公益诉讼为中心[J]. 武汉大学学报（哲学社会科学版），68（4）：84-92.
江保国. 2014. 从监管到治理：企业食品安全社会责任法律促进机制的构建[J]. 行政论坛，（1）：77-79.
蒋卫中. 2016. 基于产品关键质量特性的质量链管理信息系统研究[J]. 机械制造，（2）：87-89.
金国强，刘恒江. 2006. 质量链管理理论研究综述[J]. 标准科学，（3）：21-24.
李里特. 2006. 中国食物供需分析与农业经营[J]. 中国食物与营养，（11）：8-10.
李琳，范体军. 2014. 基于RFID技术应用的鲜活农产品供应链决策研究[J]. 系统工程理论与实践，（4）：836-844.
李琰，吴妍瑜，徐天奇. 2020. 电力信息耦合网络电力侧对信息侧鲁棒性影响研究[J]. 电气工程学报，15（4）：27-34.
李友根. 2015. 惩罚性赔偿制度的中国模式研究[J]. 法制与社会发展，21（6）：109-126.
李玉峰，刘敏，平瑛. 2015. 食品安全事件后消费者购买意向波动研究：基于恐惧管理双重防御的视角[J]. 管理评论，27（6）：186-196.
李玉红，李宗泰，李华，等. 2019. 猪肉质量安全可追溯体系的现状、问题和对策[J]. 黑龙江畜牧兽医，（18）：29-32.
梁飞，马恒运，刘瑞峰. 2019. 消费者信任对可追溯食品偏好和支付意愿影响研究——基于中国大中型城市可追溯富士苹果消费者的问卷调查[J]. 农业经济与管理，（6）：85-98.
刘恒江. 2007. 质量链耦合机理分析[J]. 世界标准化与质量管理，（6）：34-37.
刘丽. 2019. 中国乳业新趋势 稳步增长，渠道下沉[J]. 乳品与人类，（3）：53-54.
刘淼. 2012. 智能人工味觉分析方法在几种食品质量检验中的应用研究[D]. 浙江大学博士学位论文.
刘微，王耀球. 2005. 供应链环境下的质量链管理[J]. 铁路采购与物流，23（4）：33-35.
刘晓丽，李建标，刘彦平. 2016. 食品供应链管理、可追溯性与食品安全管理绩效[J]. 经济与管理研究，37（8）：102-109.
刘旭霞，周燕. 2019. 我国转基因食品标识立法的冲突与协调[J]. 华中农业大学学报（社会科学版），（3）：149-157，166.
刘艳婷. 2012. 关于垄断寡占市场结构效率性的思考[J]. 商业研究，（8）：102-107.
刘召. 2010. 论政府规制有效性的判定标准[J]. 辽宁行政学院学报，12（12）：9-10.
孟秀丽，陈云云，孙树垒，等. 2017. 基于 GERT 网络的乳制品质量链协同效应的研究[J]. 科技和产业，17（2）：62-66，115.
孟秀丽，王海燕，唐润. 2014. 基于协商视角的食品质量链冲突消解策略[J]. 系统工程理论与实践，34（12）：3130-3137.

倪国华，郑风田. 2014. 媒体监管的交易成本对食品安全监管效率的影响——一个制度体系模型及其均衡分析[J]. 经济学（季刊），13（2）：559-582.
牛亮云，吴林海. 2018. 政府与食品生产企业的合谋监管博弈[J]. 华南农业大学学报（社会科学版），17（2）：107-117.
齐藤修，安玉发. 2005. 食品系统研究[M]. 北京：中国农业出版社.
齐文浩，李佳俊. 2019. 食品安全规制中消费者信息分享行为探析——基于复杂社会网络的视角[J]. 吉林大学社会科学学报，59（6）：140-148，222.
全世文，曾寅初. 2016. 我国食品安全监管者的信息瞒报与合谋现象分析——基于委托代理模型的解释与实践验证[J]. 管理评论，28（2）：210-218.
饶育蕾，王建新，陈永耀. 2009. 基于异质性公平偏好的行为博弈模型与模拟——对蜈蚣博弈实验结果的解释[J]. 系统工程，27（3）：93-98.
热比亚·吐尔逊，宋华，于亢亢. 2016. 供应链安全管理、食品认证和绩效的关系[J]. 管理科学，29（4）：59-69.
任端平，潘思轶，何晖，等. 2006. 食品安全、食品卫生与食品质量概念辨析[J]. 食品科学，（6）：256-259.
沙鸣. 2012. 供应链环境下的猪肉质量链管理研究[D]. 山东农业大学博士学位论文.
单汨源，张人龙. 2009. 食品企业大规模定制质量链协同研究[J]. 商业研究，（11）：7-9.
尚晓玲. 2007. 市场角色主体关系及我国转型市场的角色主体转化[J]. 学术交流，（8）：92-95.
生吉萍，宿文凡，罗云波. 2020. 食品流通领域风险分析与风险控制[J]. 食品工业科技，41（19）：240-243.
舒尔茨 D E，凯奇 P J. 2011. 全球整合营销传播[M]. 黄鹂，何西军译. 北京：机械工业出版社.
宋宝娥. 2018. 控制图在生鲜食品冷链质量安全管理中的应用研究——以乳制品冷链为例[J]. 中国乳品工业，46（9）：42-46.
宋丽娟，杨茂盛，陈雪梅. 2017. 利益均衡：食品安全“社会共治”模式的一种规范[J]. 企业经济，36（12）：167-172.
宋亚辉. 2017. 食品安全标准的私法效力及其矫正[J]. 清华法学，11（2）：155-175.
孙飞翔. 1987. 系统动力学方法与图解评审技术之间的统一性[J]. 系统工程，（2）：28-33.
孙世民，沙鸣，韩文成. 2009. 供应链环境下的猪肉质量链探讨[J]. 中国畜牧杂志，（2）：61-64.
唐晓芬，邓绩，金升龙. 2005. 质量链理论与运行模式研究[J]. 中国质量，（9）：16-19.
唐晓青，段桂江. 2002. 面向全球化制造的协同质量链管理[J]. 中国质量，（9）：25-27.
陶光灿，谭红，宋宇峰，等. 2018. 基于大数据的食品安全社会共治模式探索与实践[J]. 食品科学，39（9）：272-279.
陶良彦，刘思峰，方志耕，等. 2017. GERT 网络的矩阵式表达及求解模型[J]. 系统工程与电子技术，39（6）：1292-1297.
涂永前，马海天. 2018. 食品安全法治研究展望：基于2009-2016年相关文献的研究[J]. 法学杂志，39（6）：105-114.
晚春东，秦志兵，丁志刚. 2017. 消费替代、政府监管与食品质量安全风险分析[J]. 中国软科学，（1）：59-69.
晚春东，秦志兵，吴绩新. 2018. 供应链视角下食品安全风险控制研究[J]. 中国软科学，（10）：184-192.
汪涛，吴琳丽. 2012. 军事物流供应链 G-GERT 网络风险识别模型研究[J]. 计算机工程与应用，48（1）：231-233，248.
王彬. 2004. 基于供应链的质量链管理[J]. 世界标准化与质量管理，（11）：10-13.
王代军. 2018. 企业组织形式、内部结构的调整与企业行为的优化[J]. 新商务周刊，（5）：84.
王二朋，高志峰. 2020. 食品质量属性及其消费偏好的研究综述与展望[J]. 世界农业，（7）：17-24.
王海燕，陈亚林，孟秀丽. 2015. 基于前景理论的食品加工质量投资决策模型[J]. 系统工程，（8）：55-60.
王海燕，孟秀丽，于荣，等. 2017. 食品质量链协同系统中的序参量识别研究[J]. 系统工程理论与实践，37（7）：1741-1751.
王虎，李长健. 2008. 利益多元化语境下的食品安全规制研究——以利益博弈为视角[J]. 中国农业大学学报（社会科学版），25（3）：144-152.
王欢，方志耕，邓飞，等. 2019. 考虑质量价值水平的复杂产品供应链质量成本优化方法[J]. 控制与决策，34（9）：1973-1980.
王建华，葛佳烨，朱湄. 2016. 食品安全风险社会共治的现实困境及其治理逻辑[J]. 社会科学研究，（6）：111-117.
王康，孙健，刘婷婷. 2018. 企业购买食品安全责任保险意愿及其影响因素的实证研究[J]. 金融理论与实践，（2）：78-84.
王怡，宋宗宇. 2015. 社会共治视角下食品安全风险交流机制研究[J]. 华南农业大学学报（社会科学版），14（4）：123-129.
乌云娜，杨益晟，冯天天. 2013. 大型复杂项目宏观质量链构建及协同优化研究[J]. 软科学，（7）：1-6.
吴璟，张戎捷. 2020. 中国居住用地市场的买方集中度分析——基于大数据的研究[J]. 江西财经大学学报，（1）：13-24.
吴林海，吕煜昕，吴治海. 2015. 基于网络舆情视角的我国转基因食品安全问题分析[J]. 情报杂志，34（4）：85-90.
吴林海，王红纱，刘晓琳. 2014. 可追溯猪肉：信息组合与消费者支付意愿[J]. 中国人口·资源与环境，24（4）：35-45.
吴明隆. 2010. 结构方程模型：AMOS 的操作与应用[M]. 2 版. 重庆：重庆大学出版社.
武成果. 2006. 我国银行业 SCP 范式分析与改革建议[J]. 科技创业月刊，19（6）：32-33.
肖玫，袁界平，陈连勇. 2007. 食品安全的影响因素与保障措施探讨[J]. 农业工程学报，（2）：286-289.
肖人彬，蔡政英. 2009. 不确定质量水平下闭环质量链的成本模糊控制[J]. 计算机集成制造系统，（6）：169-176.
谢康. 2014. 中国食品安全治理：食品质量链多主体多中心协同视角的分析[J]. 产业经济评论，（3）：18-26.
谢康，赖金天，肖静华. 2015. 食品安全社会共治下供应链质量协同特征与制度需求[J]. 管理评论，27（2）：158-167.
谢强. 2002. 质量链管理及其若干关键技术研究[D]. 南京航空航天大学博士学位论文.
新华网. 2015-05-30. 习近平主持中共中央政治局第二十三次集体学习[EB/OL]. http://www.xinhuanet.com/politics/2015-05/30/c_1115459659.htm.
新华社. 2017-07-29. 我国规模以上乳制品加工企业年销售总额突破 3500 亿元[EB/OL]. http://www.gov.cn/xinwen/2017-07/29/content_5214459.htm.
徐孟飚. 1981. 关于 PERT 和 GERT 网络的列表处理方法[J]. 江苏船舶，（S1）：31.
徐勤增. 2019. 市场营销行为的非价格竞争策略分析[J]. 经营者，33（19）：83.
徐文成，薛建宏，毛彦军. 2017. 信息不对称环境下有机食品消费行为分析[J]. 中央财经大学学报，（3）：59-67.
薛立立. 2014. 基于供应链的乳制品质量安全可追溯系统构建研究[J]. 物流工程与管理，（9）：144-147.
杨保华，方志耕，刘思峰，等. 2011. 基于 GERT 网络的应急抢险过程资源优化配置模型研究[J]. 管理学报，8（12）：1879-1883.
杨小敏. 2016. 食品安全社会共治原则的学理建构[J]. 法学，（8）：117-125.
杨雪美，王晓翌，李鸿敏. 2017. 供应链视角下我国突发食品安全事件风险评价[J]. 食品科学，38（19）：309-314.
杨益晟，乌云娜. 2015. 大型复杂项目质量链视角下参建方博弈研究[J]. 建筑经济，（1）：123-126.
尹世久，徐迎军，陈雨生. 2015. 食品质量信息标签如何影响消费者偏好——基于山东省 843 个样本的选择实验[J]. 中国农村观察，（1）：39-49，94.
尹小华. 2014. 基于序参量原理的食品质量链协同水平研究[D]. 南京财经大学硕士学位论文.
于慧. 2015. 有限群体演化博弈理论研究[D]. 华北电力大学硕士学位论文.
于荣，唐润，孟秀丽. 2014. 基于行为博弈的食品安全质量链主体合作机制研究[J]. 预测，（6）：76-80.

俞斌. 2010. 多传递参量 GERT 网络模型及其应用研究[D]. 南京航空航天大学硕士学位论文.
俞磊. 2015. 基于网络 DEA 的食品质量链绩效评价研究[D]. 南京财经大学硕士学位论文.
曾敏刚，吴倩倩. 2013. 信息共享对供应链绩效的间接作用机理研究 IC50[J]. 科学与科学技术管理，34（6）：22-30.
曾文革，林婧. 2015. 论食品安全监管国际软法在我国的实施[J]. 中国软科学，（5）：12-20.
曾小青，彭越，王琪. 2018. 物联网加区块链的食品安全追溯系统研究[J]. 食品与机械，34（9）：100-105.
张蓓，陈玉婕，马如秋. 2019. 食品伤害危机消费者宽恕意愿形成机理研究——网络负面口碑的调节作用[J]. 南昌大学学报（人文社会科学版），50（3）：65-74.
张蓓，赖恒坚. 2020. 临期食品质量安全风险控制的国外经验与实践对策[J]. 世界农业，（7）：70-75.
张东玲，高齐圣. 2016. 基于质量特性损失的过程网络及其关键质量链分析[J]. 运筹与管理，18（1）：151-155.
张国兴，高晚霞，管欣. 2015. 基于第三方监督的食品安全监管演化博弈模型[J]. 系统工程学报，30（2）：153-164.
张曼，唐晓纯，普莫喆，等. 2014. 食品安全社会共治：企业、政府与第三方监管力量[J]. 食品科学，35（13）：286-292.
张蒙，苏昕，刘希玉. 2017. 信息视角下我国食品质量安全均衡演化路径研究[J]. 宏观经济研究，（9）：152-163.
张明华，温晋锋，刘增金. 2017. 行业自律、社会监管与纵向协作——基于社会共治视角的食品安全行为研究[J]. 产业经济研究，（1）：89-99.
张楠，齐晓辉. 2013. 基于 SCP 范式的新疆乳制品产业组织问题研究[J]. 科技和产业，（7）：8-12.
张人龙，单汨源. 2010. 基于熵与混沌理论的 MC 质量链与协同机理分析[J]. 统计与决策，（15）：36-38.
张瑜，菅利荣，于菡子. 2016. 基于 GERT 网络的产学研知识流动效应度量[J]. 运筹与管理，25（2）：282-287.
张肇中，张莹. 2018. 食品安全可追溯与可追责的理论与仿真模拟[J]. 系统工程，36（7）：75-83.
郑达谦，赵国浩. 1985. 基本 GERT 网络解析法[J]. 太原工业大学学报，（2）：39-49.
郑堂明. 2019. 网购食用菌食品质量安全供应链控制措施[J]. 中国食用菌，38（7）：107-110.
郑智航. 2015. 食品安全风险评估法律规制的唯科学主义倾向及其克服——基于风险社会理论的思考[J]. 法学论坛，30（1）：91-98.
智研咨询. 2018-06-06. 2018 年我国乳制品行业市场集中度及销售额分析[EB/OL]. https://www.chyxx.com/industry/201806/647003.html.

钟筱红. 2015. 我国进口食品安全监管立法之不足及其完善[J]. 法学论坛，30（3）：148-153.

周德翼，杨海娟. 2002. 食物质量安全管理中的信息不对称与政府监管机制[J]. 中国农村经济，（6）：29-35，52.

周剑. 2011. 基于市场竞争的企业成本领先战略研究[J]. 中国商贸，（17）：52-53.

周宪锋. 2010. 中国奶业产业发展的问题及监管研究[D]. 华中科技大学博士学位论文.

周应恒，马仁磊，王二朋. 2014. 消费者食品安全风险感知与恢复购买行为差异研究——以南京市乳制品消费为例[J]. 南京农业大学学报（社会科学版），14（1）：111-117.

朱立龙，孙淑慧. 2019. 消费者反馈机制下食品质量安全监管三方演化博弈及仿真分析[J]. 重庆大学学报（社会科学版），25（3）：94-107.

邹雅玲. 2015. 消费者废旧手机网络回收意愿影响因素研究[D]. 天津理工大学硕士学位论文.

Ajzen I. 1991. The theory of planned behavior[J]. Organizational Behavior and Human Decision Processes，50（2）：179-211.

Ala-Harja H，Helo P. 2014. Green supply chain decisions-case-based performance analysis from the food industry[J]. Transportation Research Part E：Logistics and Transportation Review，69：97-107.

Alfian G，Syafrudin M，Farooq U，et al. 2020. Improving efficiency of RFID-based traceability system for perishable food by utilizing IoT sensors and machine learning model[J]. Food Control，110：107016.

Ariyawardana A，Ganegodage K，Mortlock M Y. 2017. Consumers' trust in vegetable supply chain members and their behavioural responses：a study based in Queensland，Australia[J]. Food Control，73：193-201.

Aumann R J. 1997. Rationality and bounded rationality[J]. Games and Economic Behavior，21（1/2）：2-14.

Berger J O. 1985. Statistical Decision Theory and Bayesian Analysis[M]. New York：Springer.

Bhutta M N M，Ahmad M. 2021. Secure identification，traceability and real-time tracking of agricultural food supply during transportation using internet of things[J]. IEEE Access，9：65660-65675.

Bijma F，Jonker M，van der Vaart A. 2017. An Introduction to Mathematical Statistics[M]. Amsterdam：Amsterdam University Press.

Binmore K. 1987. Modeling rational players：part Ⅰ[J]. Economics & Philosophy，3（2）：179-214.

Blokhuis H J，Jones R B，Geers R，et al. 2003. Measuring and monitoring animal welfare：transparency in the food product quality chain[J]. Animal Welfare，12（4）：445-455.

Bloom J D. 2015. Standards for development：food safety and sustainability in Wal-Mart's Honduran produce supply chains[J]. Rural Sociology，80（2）：198-227.

Boatemaa S，Barney M，Drimie S，et al. 2019. Awakening from the listeriosis crisis：food safety challenges，practices and governance in the food retail sector in South Africa[J]. Food Control，104：333-342.

Bolstad W M，Curran J M. 2017. Introduction to Bayesian Statistics [M]. 3rd ed. New York：John Wiley & Sons.

Bouzembrak Y，Camenzuli L，Janssen E，et al. 2018. Application of Bayesian networks in the development of herbs and spices sampling monitoring system[J]. Food Control，（83）：38-44.

Cai Z，Wang Y，Xiao R，et al. 2013. A multi-agent-driven closed-loop quality chain model and coordinated optimization[J]. Communications in Information Science and Management Engineering，3（11）：524.

Cannon J E，Morgan J B，Mckeith F K，et al. 1996. Pork chain quality audit survey：quantification of pork quality characteristics[J]. Journal of Muscle Foods，7（1）：29-44.

Caswell J A，Noelke C M，Mojduszka E M. 2002. Unifying two frameworks for analyzing quality and quality assurance for food products[C]//Krissoff B，Bohman M，Caswell J A. Global Food Trade and Consumer Demand for Quality. Boston：Springer：43-61.

Ceuppens S，van Boxstael S，Westyn A，et al. 2016. The heterogeneity in the type of shelf life label and storage instructions on refrigerated foods in supermarkets in Belgium and illustration of its impact on assessing the Listeria monocytogenes threshold level of 100 CFU/g[J]. Food Control，59：377-385.

Chen C，Zhang J，Delaurentis T. 2014. Quality control in food supply chain management：an analytical model and case study of the adulterated milk incident in China[J]. International Journal of Production Economics，152：188-199.

Chen R Y. 2017. An intelligent value stream-based approach to collaboration of food traceability cyber physical system by fog computing[J]. Food Control，71：124-136.

Chen T，Ding K，Hao S，et al. 2020. Batch-based traceability for pork：a mobile solution with 2D barcode technology[J]. Food Control，107：106770.

Chen Y，Huang S，Mishra A K，et al. 2018. Effects of input capacity constraints on food quality and regulation mechanism design for food safety management[J]. Ecological Modelling，385：89-95.

Chin K S，Duan G，Tang X. 2006. A computer-integrated framework for global quality chain management[J]. The International Journal of Advanced Manufacturing Technology，27（5/6）：547-560.

Choudhary V，Ghose A，Mukhopadhyay T，et al. 2005. Personalized pricing and quality differentiation[J]. Management Science，51（7）：1120-1130.

Christelle B M, Darine M, Najwa E G, et al. 2018. Food safety knowledge, attitudes and practices of food handlers in Lebanese hospitals: a cross-sectional study[J]. Food Control, 94: 78-84.

Claeys W L, Cardoen S, Daube G, et al. 2013. Raw or heated cow milk consumption: review of risks and benefits[J]. Food Control, 31（1）: 251-262.

Clark L F, Hobbs J E. 2018. Informational barriers, quality assurance and the scaling up of complementary food supply chains in Sub-Saharan Africa[J]. Outlook on Agriculture, 47（1）: 11-18.

Creydt M, Fischer M. 2019. Blockchain and more—algorithm driven food traceability[J]. Food Control, 105: 45-51.

Crosby P B. 1989. Quality Without Tears[M]. New York: New Amer Library.

Da Cruz A G, Cenci S A, Maia M C A. 2006. Quality assurance requirements in produce processing[J]. Trends in Food Science & Technology, 17（8）: 406-411.

de Jong P. 2013. Sustainable Dairy Production[M]. New York: John Wiley & Sons.

Ding J, Moustier P, Ma X, et al. 2019. Doing but not knowing: how apple farmers comply with standards in China[J]. Agriculture and Human Values, 36（1）: 61-75.

Doménech E, Amorós J A, Pérez-Gonzalvo M, et al. 2011. Implementation and effectiveness of the HACCP and pre-requisites in food establishments[J]. Food Control, 22（8）: 1419-1423.

El Benni N, Stolz H, Home R, et al. 2019. Product attributes and consumer attitudes affecting the preferences for infant milk formula in China—a latent class approach[J]. Food Quality and Preference, 71: 25-33.

Evans K S, Teisl M F, Lando A M, et al. 2020. Risk perceptions and food-handling practices in the home[J]. Food Policy, 95: 101939.

Faour-Klingbeil D, Murtada M, Kuri V, et al. 2016. Understanding the routes of contamination of ready-to-eat vegetables in the Middle East[J]. Food Control, 62: 125-133.

Franz E, Tromp S O, Rijgersberg H, et al. 2010. Quantitative microbial risk assessment for Escherichia Coli O157: H7, Salmonella, and Listeria monocytogenes in leafy green vegetables consumed at salad bars[J]. Journal of Food Protection, 73（2）: 274-285.

Friedman D. 1991. Evolutionary games in economics[J]. Econometrica: Journal of the Econometric Society, 59（3）: 637-666.

Gallo A, Accorsi R, Goh A, et al. 2021. A traceability-support system to control safety and sustainability indicators in food distribution[J]. Food Control, 124: 107866.

Gillibert R, Huang J Q, Zhang Y, et al. 2018. Food quality control by surface enhanced Raman scattering[J]. TrAC Trends in Analytical Chemistry, 105: 185-190.

Govindan K, Jafarian A, Khodaverdi R, et al. 2014. Two-echelon multiple-vehicle location-routing problem with time windows for optimization of sustainable supply chain network of perishable food[J]. International Journal of Production Economics，152：9-28.

Ha T M，Shakur S，Do K H P. 2019. Linkages among food safety risk perception，trust and information：evidence from Hanoi consumers[J]. Food Control，110：106965.

Hejaz T H，Seyyed-Esfahani M，Mahootchi M. 2013. Quality chain design and optimization by multiple response surface methodology[J]. International Journal of Advanced Manufacturing Technology，68（1/4）：881-893.

Hiamey S E，Hiamey G A. 2018. Street food consumption in a Ghanaian Metropolis：the concerns determining consumption and non-consumption[J]. Food Control，92（10）：121-127.

Hogg R V，Craig A T. 1978. Introduction to Mathematical Statistics [M]. 4th ed. New York：Macmillan.

Jacxsens L，van Boxstael S，Nanyunja J，et al. 2015. Opinions on fresh produce food safety and quality standards by fresh produce supply chain experts from the global South and North[J]. Journal of Food Protection，78（10）：1914-1924.

Jin Y，Tang J. 2019. Improved design of aluminum test cell to study the thermal resistance of salmonella enterica and enterococcus faecium in low-water activity foods[J]. Food Control，104：343-348.

Juran J M. 1988. Juran's Quality Control Handbook [M]. New York：McGraw-Hill.

Kalman R E，Bertram J F. 1960. Control system analysis and design via the second method of Lyapunov[J]. Basic Engrg，（88）：371-394.

Kim N，Cho T J，Kim Y B，et al. 2015. Implications for effective food risk communication following the Fukushima nuclear accident based on a consumer survey[J]. Food Control，50：304-312.

Kong D，Shi L，Yang Z. 2019. Product recalls，corporate social responsibility，and firm value：evidence from the Chinese food industry[J]. Food Policy，83：60-69.

Kreps D M. 1990. A Course in Microeconomic Theory[M]. New York：Princeton University Press.

Kwol V S，Eluwole K K，Avci T，et al. 2020. Another look into the knowledge attitude practice（KAP）model for food control：an investigation of the mediating role of food handlers' attitudes[J]. Food Control，110：107025.

Li W，Wu S，Fu P，et al. 2018. National molecular tracing network for foodborne disease surveillance in China[J]. Food Control，88：28-32.

Liu A，Shen L，Tan Y，et al. 2018. Food integrity in china：Insights from the national food spot check data in 2016[J]. Food Control，84：403-407.

Liu X，Fang Z，Zhang N. 2017. A value transfer GERT network model for carbon fiber industry chain based on input-output table[J]. Cluster Computing，20（4）：2993-3001.

Lo V H Y，Yeung A H W. 2004. Practical framework for strategic alliance in Pearl River Delta manufacturing supply chain：a total quality approach[J]. International Journal of Production Economics，87（3）：231-240.

Madaki M Y，Bavorova M. 2019. Food safety knowledge of food vendors of higher educational institutions in Bauchi State，Nigeria[J]. Food Control，106：106703.

Maitiniyazi S，Canavari M. 2020. Exploring Chinese consumers' attitudes toward traceable dairy products：a focus group study[J]. Journal of Dairy Science，103（12）：11257-11267.

Majdalawieh M，Nizamuddin N，Alaraj M，et al. 2021. Blockchain-based solution for Secure and Transparent Food Supply Chain Network[J]. Peer-to-Peer Networking and Applications，14（6）：3831-3850.

Majowicz S E，Hammond D，Dubin J A，et al. 2017. A longitudinal evaluation of food safety knowledge and attitudes among Ontario high school students following a food handler training program[J]. Food Control，76：108-116.

Manning L，Soon J M. 2013. GAP framework for fresh produce supply[J]. British Food Journal，115（6）：796-820.

Martinez M G，Fearne A，Caswell J A，et al. 2007. Co-regulation as a possible model for food safety governance：opportunities for public-private partnerships[J]. Food Policy，32（3）：299-314.

Matzembacher D E，do Carmo Stangherlin I，Slongo L A，et al. 2018. An integration of traceability elements and their impact in consumer's trust[J]. Food Control，92：420-429.

Mbang S，Haasis S. 2004. Automation of the computer-aided design-computer-aided quality assurance process chain in car body engineering[J]. International Journal of Production Research，42（17）：3675-3689.

Meynaud J，Bain J S. 1962. Industrial organization[J]. Revue Économique，13（1）：147.

Miao P，Chen S，Li J，et al. 2019. Decreasing consumers' risk perception of food additives by knowledge enhancement in China[J]. Food Quality and Preference，79：103781.

Mohammad Z，Yu H，Neal J A，et al. 2019. Food safety challenges and barriers in Southern United States farmers markets[J]. Foods，9（1）：1-12.

Moreb N A，Priyadarshini A，Jaiswal A K. 2017. Knowledge of food safety and food handling practices amongst food handlers in the Republic of Ireland[J]. Food Control，80：341-349.

Moruzzo R，Riccioli F，Boncinelli F，et al. 2020. Urban consumer trust and food certifications in China[J]. Foods，9（9）：1153.

Moslemi H，Zandieh M. 2011. Comparisons of some improving strategies on MOPSO for multi-objective（r，Q）inventory system[J]. Expert Systems with Applications，38（10）：12051-12057.

Nelson R G，Azaron A，Aref S. 2016. The use of a GERT based method to model concurrent product development processes[J]. European Journal of Operational Research，250（2）：566-578.

Neri D，Antoci S，Iannetti L，et al. 2019. EU and US control measures on listeria monocytogenes and salmonella spp. in certain ready-to-eat meat products：an equivalence study[J]. Food Control，96（2）：98-103.

Okour A M，Alzein E，Saadeh R. 2020. Food safety knowledge among Jordanians：a national study[J]. Food Control，114：107216.

Ortúzar J E，Dogan O B，Sotomayor G，et al. 2020. Quantitative assessment of microbial quality and safety risk：a preliminary case study of strengthening raspberry supply system in Chile[J]. Food Control，113：107166.

Pritsker A A B. 1966. GERT：Graphical Evaluation and Review Technique[M]. Santa Monica：Rand Corporation.

Qin G W，Niu Z D，Yu J D，et al. 2021. Soil heavy metal pollution and food safety in China：effects，sources and removing technology[J]. Chemosphere，267：129205.

Raspor P. 2008. Total food chain safety：how good practices can contribute[J]. Trends in Food Science & Technology，19（8）：405-412.

Rediers H，Claes M，Peeters L，et al. 2009. Evaluation of the cold chain of fresh-cut endive from farmer to plate[J]. Postharvest Biology and Technology，51（2）：257-262.

Resende-Filho M A，Hurley T M. 2012. Information asymmetry and traceability incentives for food safety[J]. International Journal of Production Economics，139（2）：596-603.

Robinson C J，Malhotra M K. 2005. Defining the concept of supply chain quality management and its relevance to academic and industrial practice[J]. International Journal of Production Economics，96（3）：315-337.

Robson K，Dean M，Brooks S，et al. 2020. A 20-year analysis of reported food fraud in the global beef supply chain[J]. Food Control，116：107310.

Rodriguez C，Taminiau B，García-Fuentes E，et al. 2020. Listeria monocytogenes dissemination in farming and primary production：sources，shedding and control measures[J]. Food Control，120：107540.

Rosenthal R W. 1981. Games of perfect information，predatory pricing and the chain-store paradox[J]. Journal of Economic Theory，25（1）：92-100.

Rossi M D S C，Stedefeldt E，Cunha D T D，et al. 2016. Food safety knowledge，optimistic bias and risk perception among food handlers in institutional food services[J]. Food Control，73：681-688.

Ruby G E，Abidin U F U Z，Lihan S，et al. 2019. A cross sectional study on food safety knowledge among adult consumers[J]. Food Control，99：98-105.

Saludes M，Troncoso M，Figueroa G. 2015. Presence of Listeria monocytogenes in Chilean food matrices[J]. Food Control，50：331-335.

Sekabira H，Qaim M. 2017. Can mobile phones improve gender equality and nutrition? Panel data evidence from farm households in Uganda[J]. Food Policy，73：95-103.

Sel C，Bilgen B，Bloemhof-Ruwaard J M，et al. 2015. Multi-bucket optimization for integrated planning and scheduling in the perishable dairy supply chain[J]. Computers & Chemical Engineering，77：59-73.

Shahbazi Z，Byun Y C. 2021. A procedure for tracing supply chains for perishable food based on blockchain，machine learning and fuzzy logic[J]. Electronics，10（1）：41.

Shen Q，Zhang J，Hou Y，et al. 2018. Quality control of the agricultural products supply chain based on "Internet+"[J]. Information Processing in Agriculture，5（3）：394-400.

Sibanyoni J J，Tabit F T. 2019. An assessment of the hygiene status and incidence of foodborne pathogens on food contact surfaces in the food preparation facilities of schools[J]. Food Control，98：94-99.

Sibanyoni J J，Tshabalala P A，Tabit F T. 2017. Food safety knowledge and awareness of food handlers in school feeding programmes in Mpumalanga，South Africa[J]. Food Control，73：1397-1406.

Song Y，Shen N，Liu D. 2018. Evolutionary game and intelligent simulation of food safety information disclosure oriented to traceability system[J]. Journal of Intelligent & Fuzzy Systems，35（3）：2657-2665.

Soysal M，Bloemhof-Ruwaard J M，van der Vorst J G A J. 2014. Modelling food logistics networks with emission considerations：the case of an international beef supply chain[J]. International Journal of Production Economics，152：57-70.

Spiegel M，Ziggers G W. 2000. Development of the supply chain quality management-model[R]. Chain Management in Agribusiness and the Food Industry：Proceedings of the Fourth International Conference，Wageningen，25-26 May 2000.

Stefansdottir B，Depping V，Grunow M，et al. 2018. Impact of shelf life on the trade-off between economic and environmental objectives：a dairy case[J]. International Journal of Production Economics，201：136-148.

Stranieri S，Riccardi F，Meuwissen M P M，et al. 2020. Exploring the impact of blockchain on the performance of agri-food supply chains[J]. Food Control，119：107495.

Tabrizi S，Ghodsypour S H，Ahmadi A. 2018. Modelling three-echelon warm-water fish supply chain：a bi-level optimization approach under Nash-Cournot equilibrium[J]. Applied Soft Computing，71：1035-1053.

Tagarakis A C，Benos L，Kateris D，et al. 2021. Bridging the gaps in traceability systems for fresh produce supply chains：overview and development of an integrated IoT-based system[J]. Applied Sciences，11（16）：7596.

Taha S，Osaili T M，Vij A，et al. 2020. Structural modelling of relationships between food safety knowledge，attitude，commitment and behavior of food handlers in restaurants in Jebel Ali Free Zone，Dubai，UAE[J]. Food Control，118：107431.

Thaivalappil A，Waddell L，Greig J，et al. 2018. A systematic review and thematic synthesis of qualitative research studies on factors affecting safe food handling at retail and food service[J]. Food Control，89：97-107.

Thaler R. 1983. Transaction utility theory[J]. Advances in Consumer Research，10（4）：229-232.

Tom T. 1996. The quality chain quality process [J]. Management Society，29（9）：208-212.

Tsai T P，Wang F C. 2004. Improving supply chain management：a model for collaborative quality control[R]. 2004 IEEE/SEMI Advanced Semiconductor Manufacturing Conference and Workshop（IEEE Cat. No. 04CH37530）.

Tutu B O，Anfu P O. 2019. Evaluation of the food safety and quality management systems of the cottage food manufacturing industry in Ghana[J]. Food Control，101：24-28.

Unnevehr L. 2015. Food safety in developing countries：moving beyond exports[J]. Global Food Security，4：24-29.

van der Gaag M A，Saatkamp H W，Backus G B C，et al. 2004. Cost-effectiveness of controlling salmonella in the pork chain[J]. Food Control，15（3）：713-180.

van Ruth S M，Luning P A，Silvis I C J，et al. 2018. Differences in fraud vulnerability in various food supply chains and their tiers[J]. Food Control，84：375-381.

Walton M. 1988. The Deming Management Method：The Bestselling Classic for Quality Management[M]. London：Penguin.

Wang C N，Yang G K，Hung K C，et al. 2011. Evaluating the manufacturing capability of a lithographic area by using a novel vague GERT[J]. Expert Systems with Applications，38（1）：923-932.

Wang J，Yue H. 2017. Food safety pre-warning system based on data mining for a sustainable food supply chain[J]. Food Control，73：223-229.

Wang J，Yue H，Zhou Z. 2017. An improved traceability system for food quality assurance and evaluation based on fuzzy classification and neural network[J]. Food Control，79：363-370.

Wang K，Ma J Y，Li M Y，et al. 2021. Mechanisms of Cd and Cu induced toxicity in human gastric epithelial cells：qxidative stress，cell cycle arrest and apoptosis[J]. Science of the Total Environment，756：143951.

Wu Y，Yang Y，Wang Z，et al. 2013. Macro quality chain management and coordination optimization research[J]. Journal of Software，8（8）：2023-2031.

Xu W，Cater M，Gaitan A，et al. 2017. Awareness of Listeria and high-risk food consumption behavior among pregnant women in Louisiana[J]. Food Control，76：62-65.

Yang S，Zhuang J，Wang A，et al. 2019. Evolutionary game analysis of Chinese food quality considering effort levels[J]. Complexity，88：81-89.

Yu H，Neal J A，Sirsat S A. 2018. Consumers' food safety risk perceptions and willingness to pay for fresh-cut produce with lower risk of foodborne illness[J]. Food Control，86：83-89.

Zauner K G. 1999. A payoff uncertainty explanation of results in experimental centipede games[J]. Games and Economic Behavior，26（1）：157-185.

Zhan S，Liu N. 2016. Determining the optimal decision time of relief allocation in response to disaster via relief demand updates[J]. International Journal of Systems Science，47（3）：509-520.

Zhan S，Liu N，Ye Y. 2014. Coordinating efficiency and equity in disaster relief logistics via information updates[J]. International Journal of Systems Science，45（8）：1607-1621.

Zhang A，Mankad A，Ariyawardana A. 2020. Establishing confidence in food safety：is traceability a solution in consumers' eyes?[J]. Journal of Consumer Protection and Food Safety，15（2）：99-107.

Zhang M，Zhang J，Cheng T C E，et al. 2018. Which inspection approach is better to prevent drug fraud：announced or unannounced ?[J]. Journal of Systems Science and Complexity，31（6）：1571-1590.

Zhao J，Gerasimova K，Peng Y，et al. 2019. Information asymmetry，third party certification and the integration of organic food value chain in China[J]. China Agricultural Economic Review，12（1）：20-38.

Zhou L，Xie J，Gu X，et al. 2016. Forecasting return of used products for remanufacturing using Graphical Evaluation and Review Technique（GERT）[J]. International Journal of Production Economics，181：315-324.

Zhu H，Jackson P，Wang W. 2017. Consumer anxieties about food grain safety in China[J]. Food Control，73：1256-1264.

Zhu L. 2017. Economic analysis of a traceability system for a two-level perishable food supply chain[J]. Sustainability，9（5）：682.

Zhu L，Lee C. 2018. RFID-enabled traceability system for perishable food supply chains [J]. International Journal of Industrial Engineering，25（1）：54-66.